现代配电自动化系统

刘　健　沈兵兵　赵江河　陈　勇　徐丙垠　刘　东　汪晓岩　编著

中国水利水电出版社
www.waterpub.com.cn

内 容 提 要

配电自动化是提高供电可靠性的重要手段，也是智能电网的重要组成部分。本书结合现代科学技术的进步和我国实际情况，对现代配电自动化系统的关键技术进行比较系统的论述，内容包括配电网架和配电设备、配电自动化系统的组成及其功能、配电自动化通信系统、馈线自动化、配电自动化高级应用、配电自动化系统测试技术、智能配电网等。

本书对于指导我国配电自动化建设具有一定的参考价值，适合于从事配电自动化规划设计、研究开发、工程建设、运行维护的技术人员和管理干部阅读，也可供大专院校电力系统自动化专业的教师、研究生和高年级学生参考。

图书在版编目（ＣＩＰ）数据

现代配电自动化系统 / 刘健等编著. -- 北京：中国水利水电出版社，2013.1(2024.8重印).
ISBN 978-7-5170-0540-7

Ⅰ．①现… Ⅱ．①刘… Ⅲ．①配电自动化—自动化系统 Ⅳ．①TM76

中国版本图书馆CIP数据核字(2013)第008833号

书　　名	**现代配电自动化系统**
作　　者	刘健　沈兵兵　赵江河　陈勇　徐丙垠　刘东　汪晓岩　编著
出版发行	中国水利水电出版社 （北京市海淀区玉渊潭南路1号D座　100038） 网址：www. waterpub. com. cn E-mail：sales@mwr. gov. cn 电话：(010) 68545888（营销中心）
经　　售	北京科水图书销售有限公司 电话：(010) 68545874、63202643 全国各地新华书店和相关出版物销售网点
排　　版	中国水利水电出版社微机排版中心
印　　刷	天津嘉恒印务有限公司
规　　格	184mm×260mm　16开本　12.25印张　290千字
版　　次	2013年1月第1版　2024年8月第4次印刷
印　　数	10001—11500册
定　　价	**40.00元**

前　言

配电网自动化是提高供电可靠性的重要手段，也是智能电网的重要组成部分。在 20 世纪末到 21 世纪初，也曾掀起了一轮配电自动化试点建设的热潮，但是许多早期建设的配电自动化系统主要由于存在技术和管理两方面的原因，没有发挥应有的作用。

经过近十年的探索与实践，目前配电自动化技术已经比较成熟，通信技术取得了革命性进展，电力企业已经制订了配电自动化设计、建设、运行和维护等一系列标准和规范。随着智能电网的建设，配电自动化系统又迎来了新的建设高潮。

笔者长期从事配电网相关研究，曾亲历了上一轮配电自动化试点建设的浮躁，也有幸参加了新一轮配电自动化建设，深刻地感觉到作为科技工作者肩上责任之重大，并且衷心希望配电自动化系统能够健康发展并发挥出应有的作用。

本书结合现代科学技术的进步和我国实际情况，对现代配电自动化系统的关键技术进行了比较系统的论述。主要内容包括配电网架和配电设备、配电自动化系统的组成及其主要功能、配电自动化通信系统、馈线自动化、配电自动化高级应用、配电自动化系统测试技术、智能配电网等。

本书共 8 章。第 1 章、第 2 章的 2.1 节和 2.2 节、第 5 章的 5.1 节和 5.2 节、第 7 章由陕西电力科学研究院刘健总工程师执笔；第 2 章的 2.3 节由珠海许继电气有限公司陈勇高级工程师执笔；第 3 章的 3.1 节、3.2 节、3.4 节和 3.5 节由南瑞科技股份有限公司沈兵兵教授执笔；第 3 章的 3.3 节和第 5 章的 5.3 节由山东科汇电气股份有限公司徐丙垠教授执笔；第 4 章由国网电力科学研究院汪晓岩教授执笔；第 6 章由陕西电力科学研究院刘健总工程师和上海交通大学刘东研究员共同执笔；第 8 章由中国电力科学研究院赵江河教授执笔。

作者感谢国家电网公司科技部、生技部、智能电网部、农电部和各网省公司，以及相关科研单位、高等学校和制造企业对本书相关工作的大力支持和帮助，感谢中国电力科学研究院盛万兴教授、徐石明教授、范明天教授、苏剑高级工程师、梁英高级工程师，国网电力科学研究院沈浩东教授、顾欣欣教授、吴琳高级工程师，清华大学曾嵘教授、董新洲教授、王宾副研究员、施慎行助理研究员，河海大学陈星莺教授、西安交通大学张保会教授、索南加乐教授、宋国兵教授，华北电力大学张建华教授、黄伟教授，西南交通大学何正友教授等同行学者与作者团队的交流、讨论和无私教诲。书中不妥之处也希望广大读者批评指正。

作者
2012 年秋

目 录

第1章

概述

　　配电自动化是提高供电可靠性、扩大供电能力、提高供电质量、实现配电网高效经济运行的重要手段。国外的配电自动化技术经历了基于自动化开关设备相互配合的馈线自动化系统（FA），基于通信网络、馈线终端单元和后台计算机网络的配电自动化系统（DAS），以及集成了配电网数据采集和监控（SCADA）、配电网分析应用、基于地理信息系统的停电管理、需求侧负荷管理等功能的配电管理系统（DMS）等3个阶段，目前已被广泛应用。

　　我国自20世纪90年代后期也开展了配电自动化工作，但由于存在技术和管理两方面的原因，当时建设的配电自动化系统大多没有发挥应有的作用。其中，技术方面的问题主要包括早期配电网架存在缺陷且配电设备陈旧落后，配电自动化技术和相关系统、装置不够成熟，供应商和运行单位的实施力量不足；管理方面的问题主要包括配电自动化的相关标准和规范十分匮乏且出台严重滞后，造成配电自动化建设缺乏有效的指导，有关单位对开展配电自动化工作的复杂性认识不足，应用主体不明确，后期运行和维护工作跟不上。

　　经过十几年的探索与实践，目前我国配电自动化从理论到技术都已经比较成熟，指导配电自动化系统建设、验收和运行维护的相关标准和规范也相继推出，实现配电自动化已成为当前智能电网建设的重要组成部分。

1.1　配电自动化的基本概念

　　配电自动化系统是一项综合了计算机技术、现代通信技术、电力系统理论和自动控制技术的系统工程，其中涉及一系列相关术语。

　　（1）配电自动化（Distribution Automation，简称 DA）。配电自动化以一次网架和设备为基础，以配电自动化系统为核心，综合利用多种通信方式，实现对配电网（含分布式电源、微网等）的监测与控制，并通过与相关应用系统的信息集成，实现配电网的科学管理。

　　（2）配电自动化系统（Distribution Automation System，简称 DAS）。实现配电网的运行监视和控制的自动化系统，具备配电 SCADA（Supervisory Control and Data Acquisition）、馈线自动化、电网分析应用及与相关应用系统互连等功能，主要由配电自动化系统主站、配电终端、配电子站（可选）和通信通道等部分组成。

　　（3）配电 SCADA（Distribution SCADA，简称 DSCADA）。是配电自动化主站系统的基本功能。DSCADA 通过人机交互，实现配电网的运行监视和远方控制，为配电网的生产指挥和调度提供服务。

（4）馈线自动化（Feeder Automation，简称 FA）。利用自动化装置（系统），监视配电线路（馈线）的运行状况，及时发现线路故障，迅速诊断出故障区域并将故障区域隔离，快速恢复对非故障区域的供电。

（5）配电自动化主站系统（Master Station System of Distribution Automation）。配电自动化主站系统（即配电主站）是配电自动化系统的核心部分，主要实现配电网数据采集与监控等基本功能和电网拓扑分析应用等扩展功能，并具有与其他应用信息系统进行信息交互的功能，为配电网调度指挥和生产管理提供技术支撑。

（6）配电终端（Remote Terminal Unit of Distribution Automation System）。配电终端是安装于中压配电网现场的各种远方监测、控制单元的总称，主要包括配电开关监控终端 Feeder Terminal Unit（即 FTU，馈线终端）、配电变压器监测终端 Transformer Terminal Unit（即 TTU，配变终端）、开关站和公用及客户配电所的监控终端 Distribution Terminal Unit（即 DTU，站所终端）等。

（7）配电子站（Slave Station of Distribution Automation System）。为优化系统结构层次、提高信息传输效率、便于配电通信系统组网而设置的中间层，实现所辖范围内的信息汇集、处理或配电网区域故障处理、通信监视等功能。

（8）信息交互（Information Exchange）。为扩大配电信息覆盖面、满足更多应用功能的需要，配电自动化系统与其他相关应用系统间通过标准接口实现信息交换和数据共享。

（9）多态模型（Multi-context Model）。针对配电网在不同应用阶段和应用状态下的操作控制需要，建立的多场景配电网模型，一般可以分为实时态、研究态、未来态等。

1.2　配电自动化的意义

（1）提高供电可靠性。及时了解配电网的运行状况，在发生故障时迅速进行故障定位，采取有效手段隔离故障以及对非故障区域恢复供电，从而尽可能地缩短停电时间，减少停电面积和停电用户数。

（2）提高设备利用率。基于多分段多联络和多供一备等接线模式，在发生故障时采取模式化故障处理措施，发挥多分段多联络和多供一备等接线模式提高设备利用率的作用。

（3）经济优质供电。通过对配电网运行情况的监视，掌握负荷特性和规律，制定科学的配电网络重构方案，优化配电网运行方式，达到降低线路损耗和改善供电质量的目的。

（4）提高配电网应急能力。在因恶劣天气、输电线路故障等造成母线失压而在高压侧不能恢复全部用户供电的情况下，生成负荷批量转移策略，将受影响的负荷通过中压配电网安全地转移到健全的电源点上，从而避免长时间大面积停电。

（5）通过对配电网运行情况的长期监视和记录，掌握负荷特性和发展趋势，为科学开展配电网规划和建设与改造提供客观依据。

（6）提高供电企业的管理现代化水平和客户服务质量。

1.3　配电自动化与其他系统的关系

配电自动化涉及面很广，信息量巨大。它不但有自己实时信息采集的部分，还有相当多的实时、非实时和准时实时信息需要从其他应用系统中去获取。例如，从调度自动化系统中获取主网变电站信息，从电力 GIS 系统中获取配电线路拓扑模型，从生产管理系统（PMS）中获取配电设备参数，从用电营销系统中获取用户信息等。因此，配电自动化主站系统与其他相关系统的接口问题十分突出和必要。

如果按照传统的做法，各系统之间需要做一对一的接口，不但接口数量多且实现形式多样，数据流纵横交错，尤其是日后维护工作量巨大且十分困难。

IEC 61968（DL/T 1080）标准为电力企业内部各应用系统间的信息共享提供了接口规范和实现机制。运用信息交换总线，采用标准的接口，可将若干个相对独立的、相互平行的应用系统整合起来，在每个系统继续发挥自身作用的同时，进行信息交换并实现更多应用功能。

遵循 IEC 61968（DL/T 1080），基于信息交互总线的配电自动化系统与其他系统的互联关系如图 1.1 所示。

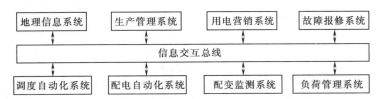

图 1.1　基于 IEC 61968 的配电自动化系统与其他系统的互联关系

1.4　配电自动化的发展趋势

根据对国内外发展动态的研究，配电自动化技术的发展呈现下列趋势：

（1）多样化。尽管配电自动化技术的发展经历了 3 个阶段，但是从欧美和日本等国家的应用情况看，各个阶段的技术都在使用，并且各有其适应范围。在我国，随着智能电网建设的开展，配电自动化再度兴起，针对不同城市（地区）、不同供电企业的实际需求，配电自动化系统的实施规模、系统配置、实现功能上不尽相同，在 Q/GDW 513—2010《配电自动化主站系统功能规范》中推荐了简易型、实用型、标准型、集成型和智能型等 5 种配电自动化系统的实现形式及对应功能。因此，配电自动化技术及其实现形式的多样化是发展趋势之一。

（2）标准化。配电自动化是个复杂的系统工程，信息量大面广，涉及多个应用系统的相互接口和信息集成。为了促进支持电力企业配电网管理的各种分布式应用软件系统的应用间集成和规范各个系统间的接口，国际电工委员会（IEC）制订了 IEC 61968（配电管理的系统接口）系列标准。因此，支持基于 IEC 61968 标准的信息交互也成为配电自动化的发展趋势之一。

（3）自愈。配电自动化是智能配电网（Smart Distribution Grid，简称 SDG）的重要组成部分，而自愈是智能电网的重要特征。因此，自愈技术也是配电自动化的发展趋势之一。自愈的含义不仅仅是在故障发生时自动进行故障定位、隔离和健全区域恢复供电，更重要的是能够实时检测故障前兆和评估配电网的健康水平，在故障实际发生前进行安全预警并采取预防性控制措施，避免故障的发生，或使配电网更加健壮。

（4）经济高效。经济高效也是智能电网的重要特征。因此，支撑经济高效的配电网也是配电自动化的发展趋势之一。与发达国家相比，我国配电网的设备利用率还普遍较低，尽管在城市中已经基本建成了"手拉手"环状网，但是为了满足 $N-1$ 安全准则，其最大利用率仍不超过 50%。多分段多联络和多供一备等接线模式有助于提高设备利用率，但是还必须在发生故障时采取模式化故障处理措施。

（5）适应分布式电源接入。随着智能电网建设，光伏发电、风电、小型燃气轮机、大容量储能系统等分布式电源都有可能分散接入配电网，一方面对配电网的短路电流、潮流分布、保护配合等带来一定影响，另一方面又能在故障时支撑有意识孤岛供电，增强应急能力。因此，适应分布式电源接入并发挥其作用也是配电自动化的发展趋势之一。

第2章

配电网架和配电设备

2.1 输配电系统

电力系统是一个由电能生产系统（发电）、输送与分配系统（输电、变电与配电）、消费系统（用电负荷）和相应的辅助设施（如继电保护、安全自动装置、调度自动化系统等）组成的控制系统。

电力系统中的输电、变电和配电系统组成电力网络，它包括输电网与配电网两部分。

2.1.1 输电系统

输电系统包括变电所和输电线路。变电所是连接电力系统的中心环节，用以汇集电源、升降电压和分配电力。大型坑口电厂、水电厂和核电厂都需要通过输电线路构成电力网，实现电力安全可靠和经济合理的远距离传输。我国的煤炭资源主要分布在华北、内蒙古和西北地区。水电资源集中于西南、西北地区，而电力负荷则主要集中在东部沿海地区。超高压、特高压交流输电和直流输电工程建设，极大地促进了我国输电技术的发展。

电力网络一般采取分层结构，由不同电压等级的网络互联而成。与电源连接的220～1000kV以上电压等级的远距离输电干线常常采用双回线和多回线进而构成一级主干输电网络。位于负荷中心的城市网络，是以110～220kV电压等级为主，汇集多个电源的环形网作为二级送电网络。35kV及以下电压等级的配电网可采用简单的开式网络，复杂的闭式网络、网格式网络等。

2.1.2 配电系统

配电网是电力系统向用户供电的最后一个环节，一般指从输电网接受电能，再分配给终端用户的电网。配电网由配电线路、配电变压器、断路器、负荷开关等配电设备，以及相关辅助设备组成。配电网直接关系到用户安全可靠供电及负荷增长的需要，是电力系统的重要组成部分。配电网及其相关的自动装置、测量和计量仪表，以及通信和控制设备共同构成配电系统。

配电网按电压等级分类，可分为高压配电网、中压配电网和低压配电网。通常把110kV和35kV级称为高压配电网，10kV级称为中压配电网，0.4kV级称为低压配电网。

由高压配电线路和配电变电所组成的向用户提供电能的高压配电网的功能是从上一级电源接受电能后，可以直接向高压用户供电，也可以通过变压后为下一级中压配电网提供电源。部分大中城市高压配电网与高压输电网电压等级相同。

由中压配电线路和配电变电所（配电变压器）组成的向用户提供电能的中压配电网的功能是从输电网或高压配电网接受电能后，向中压用户供电，或向各用电小区负荷中心的配电变电所（配电变压器）供电，再经过变压后为下一级低压配电网提供电源。

由低压配电线路及其附属电气设备组成的向用户提供电能的低压配电网的功能是以中压（或高压）配电变压器为电源，将电能通过低压配电线路直接配送给用户。

配电网中的典型配电设备见表2.1。

表 2.1 典 型 配 电 设 备

配电设备分类	配 电 设 备
变电所配电设备	断路器、隔离开关、电缆、互感器、二次设备（继电保护及二次回路设备）、自动的装置，以及其他设备
线路设备	架空线路、电缆线路、配电变压器、电力电容器、自动的装置，以及其他设备
开闭所和配电室设备	断路器、负荷开关、隔离开关、电缆、互感器、二次设备、自动的装置，以及其他设备

配电系统的基本特点见表2.2。

表 2.2 配电系统的基本特点

配电网	基 本 特 点
网络结构	配电网络正常运行时呈辐射状的拓扑结构，线路功率具有单向流动的特性，分支线路多。中性点主要采用非有效接地方式，在发生单相接地时，仍允许供电一段时间。近年来，随着城市电缆线路的增加，一些城市配电网采用中性点经小电阻接地方式
线路参数	配电网络中支路的 R/X 比值较大，使得在输电系统中以小 R/X 比为前提的算法不再适用。一般情况下，我国配电线路中的三相电抗值也不相等，造成配电系统三相参数不对称
负荷	三相负荷不平衡，集中负荷和大量沿线分布式负荷并存，对分布式负荷需要采用适当的方法进行等效分析计算
配网参数信息	配电网经常发生变更，其参数信息一般保存在基于地理信息系统GIS的配电生产管理系统中，需要保证配电网的实际情况和系统数据一致性

2.1.3 输配电系统的中性点接地方式

我国电力系统常用的接地方式有中性点直接接地、中性点经消弧线圈接地、中性点经电阻接地以及中性点不接地等，其中中性点经电阻接地方式按接地电流又分为高阻接地和低阻接地。上述接地方式归结为3类接地系统，即中性点有效接地系统、中性点非有效接地系统和谐振接地系统。3种接地方式的比较见表2.3。

其中，220kV和110kV采用中性点有效接地，部分变压器中性点采用不接地方式。3～66kV：采用中性点不接地，经消弧线圈接地，电阻接地。380/220V：采用中性点直接接地。

表 2.3   常用中性点接地方式的比较

中性点接地方式 比较项目	不接地	消弧线圈接地	电阻接地	直接接地
单相接地电流	很小	最小	1～10A（高阻）， 100～1000A（低阻）	最大
单相接地 非故障相电压	等于或略大于√3倍 相电压	√3倍相电压	0.8～√3倍相电压	<0.8倍相电压
弧光接地过电压	最高达√3～3.5倍 相电压	可抑制在2.5倍相电压以下	可抑制在2.8倍相电压 以下	最低
操作过电压	最高可达4～4.5倍 相电压	一般不大于4倍相电压	较低	最低
变压器采用分级绝缘 可能性	不可	一般不可	一般不可	可以
高压电器绝缘	全绝缘	一般全绝缘，电缆允许Ⅰ类 绝缘	一般全绝缘，电缆 允许Ⅰ类绝缘	可降低20%
重复故障可能性	大	小	较小	最小
继电保护	分立元件灵敏度 不易满足，单片机 式可满足	采用LH系列和ML系列 均可满足继保要求	灵敏度高，可用简单 零序电流保护，推荐 单片机系列	灵敏度最高
运行维护	简单	采用自动调谐产品简单， 采用非自动调谐产品复杂	相对简单	简单
综合技术装备水平	简单	较高	低阻最高、高阻较高	简单
人身设备安全	好	最好	低阻差、高阻较好	差
接地装置投资	最小	中等	低阻高、高阻中等	小
综合费用	最低	中等	低阻高、高阻中等	低

2.2　典型配电网架

　　配电网的典型网架结构主要有辐射状架空网、"手拉手"环状架空网、多分段多联络网、单射电缆网、双射电缆网、对射电缆网、多供一备电缆网、单环电缆网、双环电缆网等。

2.2.1　辐射状架空网和单射电缆网

　　辐射状架空网由若干互不连接的辐射状架空馈线构成，每条辐射状架空馈线都是以主变电站一个10kV出线开关为电源点，呈树枝状布置的馈线。

　　辐射状架空馈线也可以采用分段开关分为许多馈线段，但是辐射状架空馈线间相互不连接，因此没有联络开关。辐射状架空馈线不存在线路故障后的负荷转移，可以不考虑线路的备用容量，每条馈线均可满载运行，因此辐射状架空馈线的导线截面可以采用由电源向末梢递减的策略。

　　当分布式电源接入辐射状架空馈线后，若这些分布式电源的容量普遍很小，一般仍可以将其当做辐射状架空馈线看待，但当存在较大容量分布式电源接入时，则应将该分布式电源与来自主变电站的电源同等对待，网架结构也变化为另一种形式。

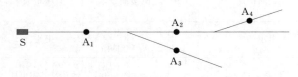

图 2.1　一条典型辐射状架空馈线

辐射状架空网的缺点很明显，当线路故障时，故障区段下游部分线路将停电；当电源故障时，将导致整条线路停电，供电可靠性差。

图 2.1 所示为一条典型辐射状架空馈线，其中矩形框代表变电站出线开关，圆形圈代表馈线开关。

单射电缆网的构成与辐射状架空网类似，只是其馈线开关一般由环网柜构成，图 2.2 所示为一条典型的单射电缆馈线，其中矩形框代表变电站出线开关，圆形圈代表环网柜开关。

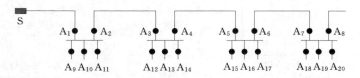

图 2.2　一条典型单射电缆馈线

2.2.2 "手拉手"环状架空网和单环电缆网

"手拉手"环状架空网由两条辐射状架空馈线通过联络开关（常分）相互连接构成，如图 2.3 所示。其中 A_{11} 为联络开关；矩形框代表变电站出线开关；圆形圈代表馈线开关，实心代表合闸状态，空心代表分闸状态。

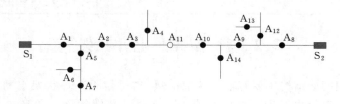

图 2.3　典型的"手拉手"环状架空网

由图 2.3 可见，"手拉手"环状架空网是指其主干线呈"手拉手"状，但是馈线上仍可存在分支。"手拉手"环状架空网的一条馈线上发生永久性故障后，可将故障区域周边开关分断以隔离故障，然后由故障所在馈线的电源恢复故障区域上游健全部分供电，再令联络开关合闸，由对侧馈线电源恢复故障区域下游健全部分供电。因此，"手拉手"环状架空网的供电可靠性较辐射状架空网要高。

因为"手拉手"环状架空网存在线路故障后的负荷转移问题，因此必须考虑线路的备用容量，为了满足 $N-1$ 安全准则，每条馈线必须留有对侧馈线全部供电能力作为备用容量，因此利用率最高只能达到 50%，也即每条馈线不能满载运行，主干线导线截面也不能采用由电源向末梢递减的策略。

　　单环电缆网的构成与"手拉手"环状架空网类似，只是其馈线开关一般由环网柜构成，图2.4所示为一个典型的单环电缆网。其中矩形框代表变电站出线开关；圆形圈代表环网柜开关，实心代表合闸状态，空心代表分闸状态。

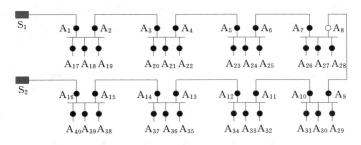

图 2.4　一个典型单环电缆网

2.2.3　多分段多联络状网

　　为了提高配电设备的利用率，可以采用多分段多联络接线模式。N 分段 N 联络接线模式的结构特征为：一条馈线分为 N 段，各馈线段分别经过联络开关与各不相同的备用电源联络。架空馈线和电缆馈线都可以构成多分段多联络状网。

　　对于图2.5(a)所示为一个2分段2联络网，它由3条馈线构成，每条馈线分为两段，每一段分别与不同的馈线联络。图2.5(b)所示为2分段2联络网的另一种典型构

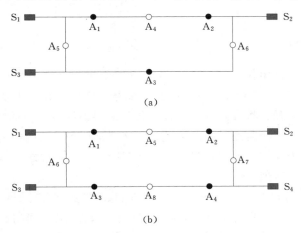

(a)

(b)

图 2.5　2分段2联络配电网

成，它由4条馈线构成，每条馈线分为两段，每一段分别与不同的馈线联络。图2.5中矩形框代表变电站出线开关；圆形圈代表馈线开关，实心代表合闸状态，空心代表分闸状态。

　　对于2分段2联络配电网，若某一个电源点发生故障（这是影响最为严重的一种故障），其故障处理过程为：直接跳开该电源所带线路的变电站出线开关将线路隔离，然后跳开线路上的分段开关将线路分为2段，再合上各馈线段对应的联络开关，分别由每个备

用电源恢复其中一段线路的供电。因此，2 分段 2 联络配电网中的每一条馈线只需要留有对侧线路负荷的 1/2 作为备用容量就可以满足 $N-1$ 准则要求，因此 2 分段 2 联络配电网的最大利用率可以达到 67%。

图 2.6（a）所示为一个 3 分段 3 联络网，它由 4 条馈线构成，每条馈线分为 3 段，每一段分别与不同的馈线联络。图 2.6（b）所示为 3 分段 3 联络网的另一种典型构成。图 2.6 中矩形框代表变电站出线开关；圆形圈代表馈线开关，实心代表合闸状态，空心代表分闸状态。

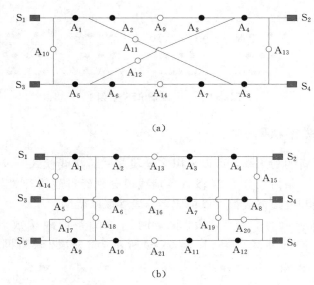

(a)

(b)

图 2.6　3 分段 3 联络配电网

对于 3 分段 3 联络配电网，若某一个电源点发生故障（这是影响最为严重的一种故障），其故障处理过程为：直接跳开该电源所带线路的变电站出线开关将线路隔离，然后跳开线路上的两个分段开关将线路分为 3 段，再合上各馈线段对应的联络开关，分别由每个备用电源恢复其中一段线路的供电。因此，3 分段 3 联络配电网中的每一条馈线只需要留有对侧线路负荷的 1/3 作为备用容量就可以满足 $N-1$ 准则要求，因此 3 分段 3 联络配电网的最大利用率可以达到 75%。

一般地，对于 N 分段 N 联络配电网，每条馈线只需要留有对侧线路负荷的 $1/N$ 作为备用容量就可以满足 $N-1$ 准则要求，因此 N 分段 N 联络配电网的最大利用率可以达到 $[N/(N+1)]$%。显然，"手拉手"环状网可以看做是 N 分段 N 联络配电网当 N 取 1 时的特例。

N 分段 N 联络配电网的最大利用率如表 2.4 所示。

需要特别注意以下两点。

（1）N 分段 N 联络配电网的网架结构仅仅为提高线路利用率奠定了基础，还必须在故障处理过程中采取相应的模式化故障处理步骤才能真正发挥其提高线路利用率的作用，这将在本书 5.2 节论述。

模式化接线类型	最大利用率	模式化接线类型	最大利用率
"手拉手"	50%	4分段4联络	80%
2分段2联络	67%	5分段5联络	83%
3分段3联络	75%	6分段6联络	86%

表 2.4　　　　　　　　　　多分段多联络配电网的最大利用率

（2）构成 N 分段 N 联络配电网的关键是各馈线段分别经过联络开关与各不相同的备用电源联络，图 2.7 所示的几种情形不能算做 N 分段 N 联络配电网，也不能提高线路利用率。

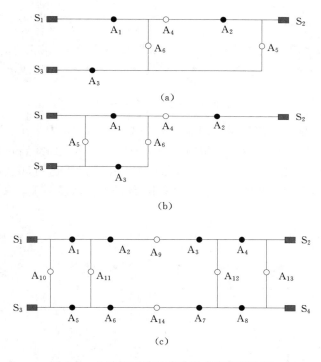

图 2.7　几种不正确的多分段多联络配电网

2.2.4　双射电缆网、对射电缆网和双环网电缆网

与多分段多联络、多供一备等接线模式以提高配电设备利用率为目的不同，双射网、对射网以及双环网等接线模式更侧重于缩短用户停电时间，从而提高对用户的供电可靠性。

图 2.8 为一个典型的双射网，其网架特征为：自一座变电站或开关站的不同中压母线引出双回线路，每一个用户均可以获得来自两个方向的电源，具有较高的可靠性，但线路最大利用率只能达到 50%，与"手拉手"环状网相同。其中矩形框代表变电站出线开关，圆形圈代表馈线开关。

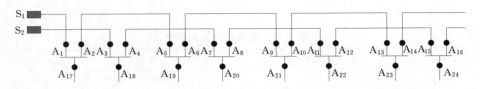

图 2.8　典型的双射电缆网

对射网和双射网的区别仅仅在于对射网的电源点来自不同的两个变电站，图 2.9 为一个典型的对射网，由于电源点来自不同的变电站，对射网的供电可靠性较双射网要高，但线路最大利用率只能达到 50%，与"手拉手"环状网相同。其中矩形框代表变电站出线开关，圆形圈代表馈线开关。

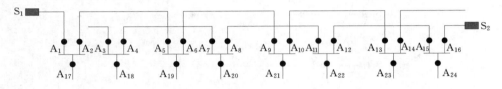

图 2.9　典型的对射电缆网

双环网的供电可靠性较双射网、对射网都要高，图 2.10 为一个典型的电缆双环网，其网架特征为：自两座变电站或开关站的不同中压母线引出 4 回线路，构成相互联络的两个双射网，网架结构满足 $N-2$ 准则，但线路最大利用率只能达到 50%，与"手拉手"环状网相同。其中矩形框代表变电站出线开关；圆形圈代表馈线开关，实心代表合闸状态，空心代表分闸状态。

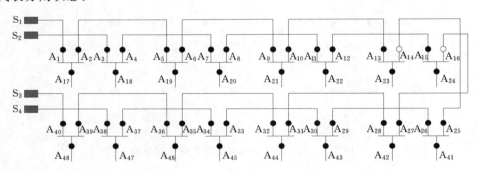

图 2.10　典型的双环电缆网

2.2.5　多供一备电缆网

为了提高配电设备的利用率，电缆配电网中还经常采用多供一备接线模式。N 供一备接线模式的结构特征为：N 条线路正常工作，与其均相联的另外一条线路平常处于停运状态作为总备用。每条供电电缆均可满载运行，因此最大利用率可达 $[(N-1)/N]%$。

图 2.11 所示为一个 3 供 1 备电缆配电网，S_1、S_2 和 S_3 为供电电缆，S_4 为备用电缆，其最大利用率可达 75%。其中矩形框代表变电站出线开关；圆形圈代表馈线开关，实心

代表合闸状态，空心代表分闸状态。

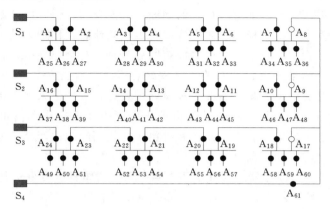

图 2.11　3 供 1 备电缆网

2.3　典型配电设备

中压配电线路分为架空线路、电缆线路和架空电缆混合线路。为了满足配电线路分段、联络、保护和负荷增长管理的需要，配电线路根据不同功能需求安装了各类配电设备。架空线路所使用的架空配电设备（或柱上配电设备）有柱上负荷开关、断路器、柱上变压器、隔离开关、熔断器等，电缆线路使用的电缆配电设备有开闭所、开关站、环网柜、开闭器、分接箱、箱式变电站等。

随着电力企业市场化要求和新技术不断的发展，在保证安全可靠电力供应的基础上，最大限度地减少停电事故、实现经济运行，并对配电网络进行智能化、精细化管理，已成为供电企业管理配电网的基本目标。由此，产生了基于传统配电设备技术基础上发展起来的各类自动化配电设备。

自动化配电设备安装在一条配电线路不同分段点上或不同线路之间的联络点上，能够使供电线路实现分段或联络管理，同时通过保护装置或配电自动化主站系统的控制，完成配电线路运行监控、数据采集、故障处理、线路保护、信息互动、指令执行等功能。自动化配电设备是完成智能配电网运行、监控和管理的基础，以配电自动化开关设备为主体的配电设备，是智能配电网的重要组成部分。

2.3.1　配电开关设备的发展

配电开关设备经过多年技术和应用发展需求，形成了断路器、负荷开关、隔离开关、熔断器等多种基础配电设备，用于智能配电自动化的开关设备以断路器和负荷开关为主。

配电开关设备的核心技术是开断技术，灭弧是开断技术的基础，因此灭弧介质的发展使开关设备从油开关（如油断路器）、空气开关（包括产气、压气、磁吹等方式，如空气断路器、空气负荷开关、磁吹断路器）发展到 SF_6 断路器或负荷开关、真空断路器或负荷开关，配电自动化开关设备的应用也是按上述方向发展的。

在 20 世纪 90 年代之前，国内 10kV 配电系统较多采用老式油开关，目前农网仍有使用，这种开关尽管采用了绝缘油这种良好的绝缘、灭弧介质，但几次开断电流后，即出现油碳化现象，绝缘强度下降，极易发生爆炸或发生热油泄露烫伤行人的事故；此外，绝缘油燃点低，当电气装置一旦发生损坏而造成短路故障时，都会出现电弧，使绝缘油引燃形成大火，一旦蔓延，后果严重；油开关机构安装在开关壳体之外，户外风吹雨淋极易生锈，操作时常发生开关误动现象，给线路故障处理及设备维护带来严重困难；由于需要频繁检修、使用寿命不够长，从而不能满足自动化应用中频繁操作和高可靠性的需要，因此，尽管作为一款造价低廉、有丰富制造和成熟运行使用经验的产品，但因不能满足配电自动化开关实际应用需求而目前已较少选用了。

20 世纪 80 代初 SF_6 断路器出现在中压领域，SF_6 气体具有良好的绝缘、灭弧、冷却性能，其很强的负电性，使之在电弧环境下形成电子黏合结构，可快速有效灭弧。具有绝缘耐受性能高、热传导性好、惰性、无毒、热稳定性高、复合性能好、可循环使用、对周围环境（潮湿、污染、动物和高海拔等）不敏感、使用空间小等特点，SF_6 断路器逐步在中压领域开始得到广泛应用。然而，SF_6 气体地球变暖系数是 CO_2 的 239000 倍，温室效应问题突出，在 1997 年《京都协议书》中被指定为抑制排放气体。随着社会发展对环保的进一步关注，合理使用 SF_6 气体成为配电开关设备行业研究的一个课题。

近年来，配电网开关设备向着小型化、无油化、环保化和智能化发展，高可靠性和频繁操作能力是重要保障，在高压领域广泛使用的真空技术开始进入中压领域。试验表明：

（1）真空开关可动部分能耐受 50000 次合—分操作而没有较大的磨损痕迹。

（2）当开断负荷电流时，其产生的过电压水平在 90% 以上情况下不高于 3 倍的额定电压值，因此特别适用于频繁操作的地方，维护费用低。

在配电自动化应用中，自动化需求使配电开关设备的开断次数增加，如：闭合故障电流，以识别故障段；闭合和开断负载电流，以改变线路负荷；闭合和开断负载电流，以避免过载或确保线路操作安全等。因此配电开关设备的负荷电流开断能力和可靠性极其重要。真空配电开关设备具有低噪音、不燃爆、体积小、寿命长、可靠性高等优点，在国内外中压配电网领域逐步居于主导地位。其中，采用 SF_6 气体外绝缘的真空配电开关或真空断路器，因其优秀的开断性能和采用 SF_6 气体良好绝缘使设备小型化的特点而备受关注。

综上所述，以真空或 SF_6 作灭弧介质的配电设备，因其具备小型化、无油化、免维护、高可靠、长电寿命等优点，成为中压领域配电开关设备的主流产品，也是配电自动化首选的开关设备，是实现配电自动化、提高供电可靠性的基础配电设备。

除了配电开关设备自身开关技术发展以外，其应用技术也促成了配电开关设备向自动化成套设备技术的发展。配电自动化技术应用的不同阶段，可灵活选择就地型馈线自动化、分布智能型馈线自动化和集中型馈线自动化，因此配电开关设备针对各类线路自动化技术设计出满足架空线路和电缆线路不同智能化需求的重合器、分段器、真空自动配电开关、用户分界开关成套装置、智能分接箱、智能环网柜、用户分界开关柜、智能箱式开关站等设备，使配电开关设备成为真正意义上的智能配电开关成套设备，从而既满足现阶段自动化应用，同时又为未来智能电网全面自动化发展打下良好的基础。

2.3.2　柱上配电开关设备

柱上配电开关设备有断路器、负荷开关、隔离开关等。在配电自动化应用中，配电自动化柱上开关设备包含有应用现代微电子技术发展起来的控制集成型智能开关设备，也有在传统柱上配电开关技术基础上，通过适当的改造并配套各类控制装置而实现的自动化开关设备，可以实现手动或自动操作。

2.3.2.1　柱上断路器

柱上断路器是指在架空线路上正常工作状态、过载和短路状态下关合和开断配电线路的开关电器设备。柱上断路器可以手动关合和开断配电线路，也可以通过其他动力进行关合电路，而在配电线路过载或短路时，可以通过继电保护装置的动作自动将配电线路迅速断开，保证线路其他电器设备的安全。

中压系统使用的断路器包括空气、油、SF_6、真空、固体绝缘断路器。随着真空、SF_6和固体绝缘开关的发展，前两种断路器正逐步被淘汰。

基于柱上断路器技术发展起来应用于配电自动化的断路器有为配合自动化远方控制而专业设计的断路器产品（如 ZW20 柱上真空断路器、ZW32 系列柱上真空断路器和永磁断路器产品等），也有直接实现线路自动化的成套产品重合器、断路器型用户分界开关等。

1. ZW20 真空断路器

图 2.12 给出了 ZW20 户外真空断路器外形图和内部结构图。这是一款三相共箱式断路器，采用真空灭弧、SF_6 气体绝缘，开关分本体部分和机构部分。本体部分是由导电回路、绝缘系统及壳体组成。整个导电回路是由进出线导电杆、导电夹、软连接与真空灭弧室连接而成；A、C 两相采用羊角套管，保证良好外绝缘；内部采用大爬距的陶瓷灭弧室，并采用复合绝缘材料制成的绝缘件相互隔离，提高相间绝缘强度；A、B、C 三相内置电流互感器，为保护及自动化测量提供信号。机构采用弹簧操动机构，弹簧合闸功大，设计针对自动化需求，通过减少零件数，简化结构，提高机构操作的可靠性。断路器内充满零表压 SF_6 气体，操作机构也置于 SF_6 气体中，增强了相间绝缘、相对地绝缘，解决

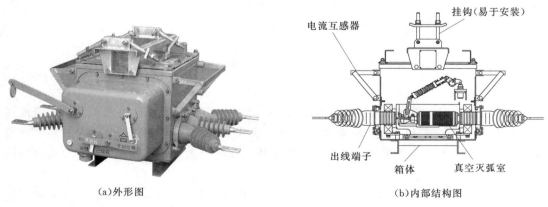

（a）外形图　　　　　　　　　　　　（b）内部结构图

图 2.12　ZW20 户外真空断路器

了灭弧室表面凝露、机件锈蚀、润滑及拒动问题。

断路器可以实现手动、电动储能,手动、电动分合闸,采用专业航空插头作为自动化接口,将开关内部的三遥信息引出,送入配套的智能控制单元,从而组成了户外智能型真空配电开关,实现馈线自动化。当智能成套设备纳入配电自动化系统管理时,实现所属线路的自动化管理。

图 2.13 是 ZW20 柱上真空断路器的电气控制原理图。当其作为独立开关应用时,需要配套图左侧的浪涌电流抑制器,其目的是防止合闸涌流对开关的冲击。当断路器升级用于配电自动化开关设备时,需要取消浪涌电流抑制器的连接,直接连接到控制终端,这时的合闸涌流的保护通过配 FTU 来实现。

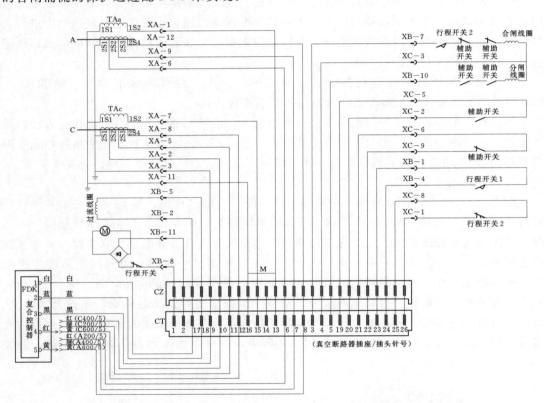

图 2.13　ZW20 柱上真空断路器电气控制原理图

2. ZW32 真空断路器

ZW32 柱上真空断路器采用固体绝缘技术,产品小型化、无油且免维护性好,目前在国内配电网中大量使用。该产品被逐步改造升级成为配套配电自动化用的柱上真空断路器。此外,保持开关本体结构通过配套永磁机构,这款开关也被改造设计成为自动化应用的永磁断路器。

ZW32 断路器典型外形如图 2.14 所示,主要由固封极柱、电流互感器、弹簧操动机构和底座组成,可灵活匹配隔离断口。

ZW32 采用了固体绝缘结构,将真空灭弧室、主导电回路,绝缘支撑等部件集成在一

图 2.14 ZW32 柱上真空断路器外形

个固封极柱里，外绝缘体户外环氧树脂采用 APG 工艺注射而成，从而实现了开关真空灭弧室的小型化，并获得了优异的熄弧和绝缘能力。用硅橡胶和 SMC 不饱和树脂复合绝缘套管，机械强度高，外绝缘具有自洁功能，防污秽能力强。真空灭弧室的频繁操作性和集成固封极柱方式优良的环境耐受能力，可以满足配电自动化负荷调配和少维护的要求。

近年来，永磁技术的发展，为开关设计的永磁结构，以其具有满足自动化频繁操作和免维护性的特点，开始出现在配电自动化开关应用中，永磁操动机构在自动化应用的特点将在后面介绍。

高压取能装置

图 2.15　自取能智能真空断路器

针对配电自动化系统建设中需要解决自动化装置和通信装置的电源取能问题，在 ZW32 柱上真空断路器结构基础上，改进设计了一种电容取能的 ZW32G -12C/630 - 20D 型自取能智能真空断路器，是一种自带低压电源的紧凑型开关设备，如图 2.15 所示。

这种开关通过在断路器底座上加装电容分压互感器原理的取能装置，使断路器与取能装置一体化。电压取电方式不受负荷电流变化影响，因此，无需再为配电自动化装置专门安装电源。其一体化结构的设计方案使得设备体积小、重量轻，方便现场施工和安装，尤其适用于停电时间短、配电网线路走径长、地形复杂的地区。

总之，柱上断路器是配网目前普遍使用的柱上开关设备，其自带的短路故障保护功能可以视为配电网初级自动化。目前，国内在配网设备选型时，经常把柱上断路器作为一款在未实施配电自动化系统时线路保护用的电器开关。随着配电自动化的实施，其保护功能由配电自动化系统来实现，断路器退而成为一款能够与配电自动化系统进行配合的负荷开关来使用。但作为以后与配电自动化系统配合的柱上开关，断路器机构特性及预留的各种自动化接口是选型中特别需要注意的。

2.3.2.2　柱上重合器

重合器是一款具有断路器功能的智能化成套设备，满足实现就地保护功能的馈线自动化应用。因重合器配套的控制器具有自动化应用需求的控制和保护功能，因此能够检测出故障电流并在设定时间内开断故障电流，通过配置符合线路保护条件次数的重合，有效实现故障隔离。

重合器在开断性能上与断路器相类似，但它具有多次重合闸功能，在保护控制特性上，比断路器的智能高很多，能自身完成故障检测，判断电流性质，执行开合功能。

英、美等国家由于地域广阔，配电线路以放射性型为主，且采用中性点接地系统，因此，其自动化的保护采用智能重合器、分段器等方式以提高供电可靠性。我国1987年引进了上述重合器、分段器方式的配电自动化运行方案，图2.16是几款重合器的外形图。

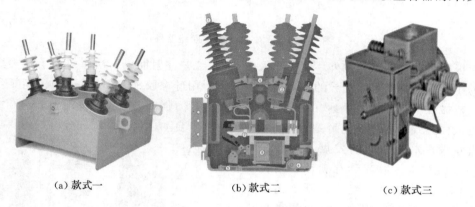

(a) 款式一   (b) 款式二   (c) 款式三

图 2.16 柱上重合器外形图

重合器由灭弧室、操作机构、控制系统合闸线圈等部分组成，可用于户外配电线路柱上安装，也可安装在变电所内。其操作电源根据应用环境可直接取自高压线路，也可取自变电所内低压电源，具有故障检测操作顺序选择、开断和重合特性等功能。

重合器主要特点是实现短路电流开断、重合闸操作、保护特性操作顺序、保护系统复位。不同类型重合器的闭锁操作次数、分闸快慢动作特性、重合间隔等特性一般不同，比较典型的是4次分断、3次重合闸。重合器的相间故障开断都采用反时限特性，以便与熔断器安—秒特性相配合（但电子控制重合器的接地故障开断，一般采用定时限）。

重合器可按以下几种方式分类：

（1）按相别分。有作用于单相电路或三相电路的重合器。

（2）按使用介质分。有油、SF_6 和真空介质的重合器，灭弧能力不同。

（3）按控制方式分。有液压控制式和电子控制式。

重合器的主要技术参数中除了额定电压、额定电流、短路开断电流外，其最小脱扣电流和时间—电流（$t-i$）特性是重合器的重要参数。产品选型时应当使额定短路开断电流不小于重合地点的最大可能故障电流；最小脱扣电流具有当被保护线路出现最小故障电流时应能检测到且及时切断，不要误动作又有相应的灵敏度；根据时间—电流（$t-i$）特性中的瞬时动作特性和延时动作特性与线路配合情况进行选择整定。

2.3.2.3 柱上负荷开关

柱上负荷开关是指在架空线路上用来关合和开断额定电流或规定过载电流的开关设

备。负荷开关以电路的接通和断开为目的，因此，负荷开关具有短路电流关合功能、短时短路电流耐受能力和负荷电流开断功能。柱上负荷开关按结构分为封闭式和敞开式，按灭弧介质分产气式、压气式、充油式、SF$_6$式和真空式等。

柱上负荷开关的功能要求与断路器不同，它不需要开断短路电流，只需要切负荷电流，其断口绝缘性能比较高，因此适合于频繁操作的场合，也正是柱上负荷开关的这一特点符合配电自动化应用要求，目前在配电自动化系统的设备选型中大量采用了柱上负荷开关，其中有在原有负荷开关产品基础上简单改造而满足配电自动化需求的开关，也有专门针对配电自动化功能应用而设计的负荷开关（如分段器、用户分界负荷开关等）。

1. 柱上气体绝缘开关

图 2.17 是两款可应用于配电自动化的 SF$_6$ 气体绝缘负荷开关。开关采用了 SF$_6$ 气体绝缘和灭弧，快合、快分弹簧机构，装于 SF$_6$ 气箱内，可靠性和免维护性好。可以实现手动操作、现场电动操作和远方操作。为了满足自动化免维护需求，负荷开关设计了瓷套电缆出线，以保证户外的绝缘性和防水性。典型的 SF$_6$ 负荷开关因采用一定压力的 SF$_6$ 气体密封实现开断和绝缘，为保证开关安全，设计有低压闭锁装置，当开关内部的气体压力降低到保证值以下时，在合、分状态下能自动闭锁；当开关内部气体压力因内部异常引起急剧上升时，为了防止壳体爆炸和内部物的飞散，设计有防爆装置；为方便停电检修，设计有手动闭锁装置，在这种状态下，其他任何方式的合、分操作均无效。

图 2.17　SF$_6$ 气体绝缘开关

开关为了给自动化提供配网运行参数，安装了电流互感器和电压互感器。根据自动化的需求灵活配置电压和电流互感器的数量。电压互感器分为电容式和电阻式两种，电容式电压互感器，对温度十分敏感，测量精度较低，为 2%～3%。而电阻式电压互感器几乎不受温度变化的影响，精度可稳定地保持在 0.5%～1%。因此，对于简单的馈线自动化来讲，使用电容式电压互感器就可以满足要求，而当配电自动化需要高精度的测量远方电流和电压信息时，一般使用电阻式电压互感器。

开关断口两侧各有一组电压互感器，可以实现电源、线路电压采样或电压相角差测量和闭锁功能。

2. 真空自动配电开关

图 2.18 是一款全密封免维护真空负荷开关，即户外小型三相共箱式柱上真空自动配电开关。采用了闭锁型开关电磁操动机构，是一款满足电动合闸、电磁脱扣分闸机构的配电自动化真空负荷开关。

图 2.18 真空负荷开关

开关由主箱体、主回路连接、操作机构等部分组成。主回路部分由用于三相电流关合、开断的真空灭弧室和用于保证开断高安全性的隔离断口组成。灭弧室和隔离断口的分合由两根绝缘转轴传动实现，连接部分用软连接和接触子实现导流，两端为瓷套浇铸一体化电缆引出，相间及相对地（外壳）之间安装有绝缘板，开关内充满 SF$_6$ 气体。

操作机构由电气部分和机械部分组成。电气部分实现开关来电后的合、分自动控制。机械部分由线圈、运动支架、合分闸弹簧、卡抓机构等零部件组成，用于执行开关的合、分闸动作及合、分闸保持功能。开关提供合闸电源、分闸电源输入，两组自动化用合位、分位信号，一组储能、未储能状态信号，三相电流测量信号，满足了配电自动化系统对配电自动化开关的功能需求。

柱上负荷开关常规在配电线路上完成负荷开断功能，与配电自动化系统配合使用时，当线路处于正常运行状态，它可为配电自动化系统提供遥信、遥测信号，执行系统发出的遥控合、分命令；当线路出现故障时，由站内断路器保护首先跳闸切断短路电流，开关采集的故障和遥信变位信号通过控制器上传到主站，由主站对故障状态判断后，向相关柱上负荷开关发出分闸命令，对需要隔离的故障线路前后端负荷开关发出分闸闭锁命令，上述过程均需要在线路停电情况下操作开关，完成配电自动化的故障处理。

2.3.2.4 柱上分段器

分段器是一款配合重合器或断路器实现馈线自动化功能的柱上开关设备，分段器实质上是一种带智能装置的负荷开关，具有负荷开关的开断、关合等性能，并配合了相应的控制保护装置。分段器一般只在线路出现异常电流后动作，用以隔离故障线路区段，可以开断负荷、关合短路，不能开断短路电流。分段器可以手动操作和自动操作，按灭弧介质来分有真空分段器、SF$_6$ 分段器、空气分段器、油分段器等，按控制功能分有电子控制和液压控制等，按相数分有单相、三相。按我国现行标准，分段器主要分为电压时间型分段器和电流计数型分段器。

（1）电压时间型分段器目前也被称为真空自动配电开关，就其开关本身而言属于真空负荷开关的一种，但因其电气、机构和结构设计均是从满足自动化需求出发，较多的使用配电线路上作馈线自动化和配电自动化开关配合使用。典型的产品是以日本东芝 VSP5 型柱上真空自动配电开关为代表的产品。图 2.19 给出了日本东芝 VSP5 型开关的外形图和内部结构图。开关由外箱体、安装架和主回路连接等部分组成。内部结构可分为主回路部分和操作机构部分。

主回路部分是由用于三相电流开断的真空灭弧室和用于保证高开断可靠性的隔离断口组成。开关内充满绝缘介质 SF$_6$ 气体，灭弧和绝缘介质无油化，使开关具有卓越的开断性能和高安全性；开关内置的隔离断口，与真空灭弧室串联联动，加大了开关分闸时断口距离，大大地增加了真空开关的安全性，同时避免了外加隔离开关因户外运行易引发的故

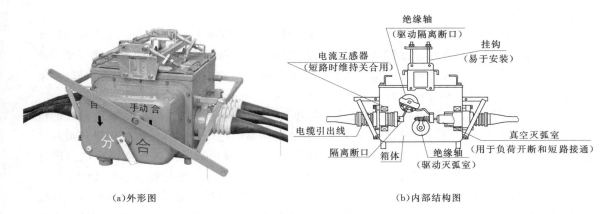

| (a)外形图 | (b)内部结构图 |

图 2.19　真空自动配电开关

障和维护；贯穿型电流互感器安装于开关的每一相，用以实现过流保护以及线路电流的测量；在 10kV 柱上开关产品中首先采用了全密封瓷套电缆浇铸出线方式，使带电部分不外露，避免了污秽，满足自动化应用需求的绝缘安全和免维护要求。

　　开关的高压部分、低压回路和电磁操作机构均密封在零表压的 SF_6 气体为绝缘介质的箱体内，防止凝露发生，即保证了开关本体的绝缘性能，同时避免机构发生锈蚀等问题，保证机构运动轨迹的长期准确性。开关电动机构不同于普通的电动机构，采用了来电关合、无压释放原理。

　　自动化方案即在变电站内安装重合断路器（一般具有两次重合闸的断路器），在线路上安装真空自动配电开关，通过采集线路电压和控制器设置的开关延时关合功能的配合，确定故障发生的位置，实现就地故障判断和处理，最终实现了架空线路的馈线自动化功能，开关采集的线路状态、开关变位及故障信息可以实时上传配电主站实现监控管理，主站根据线路信息和故障处理信息分析，向开关下达控制命令，实现故障处理、优化供电路径等功能，从而实现配电网的自动化管理。

　　（2）电流计数型分段器从 20 世纪 50 年代在英、美等国诞生以来与重合器基本是同步发展的。当线路出现永久性故障电流时，首先由位于出线的重合器或断路器切除故障，分段器将完成一次故障的计数。根据分段器所处的线路位置预先设定有一定的计数次数，当分段器动作达到了规定的计数次数后，在无电流下自动分断，将故障区段隔离出来，非故障区段的供电恢复由重合器或断路器恢复送电。当线路出现瞬时性故障电流时，分段器计数器的计数次数可以在一定时间后自动复位，将计数清除复位。分段器一般由本体、控制、电源、操作和辅助附件等部分组成，由于控制器通过记忆后备保护开关开断故障电流的次数，并达到额定的记忆次数后，隔离故障区段，因此又被称为过流/脉冲型分段器。

　　1）跌落式分段器是一种外形与普通高压跌落式熔断器相似的单相电子脉冲型分段器。它由瓷件、跌落式载流管、上下触头、灭弧装置、电流互感器、控制电路、启动器等组成。可进行手动合闸操作，即故障后在无电流下自动跌落分段，隔离故障，当线路故障清除后，更换新的启动器，手动合闸，恢复正常供电。因此，它是一种简单的自动化开关装置，每次故障后需要人工更换启动器并手动合闸，其主要特点是结构简单、价格低廉，属于简单的自动化。

2）液压型自动分段器是一款采用变压器油作为灭弧和绝缘介质，同时通过油压实现计数，完成操动机构在线路故障情况下自动分闸的开关设备。液压型自动分段器主要由箱体、油箱瓷套、导电动静触头、操动机构、计数机构、脱扣机构等组成。液压型分段器采用手动合闸，可以手动分闸或自动分闸，因此，它也是一种简单的自动化开关装置。

3）电子控制型分段器一般采用交流负荷开关配套按电流计数隔离故障原理设计的电子控制器，电子控制器可以灵活地设计成只有就地功能的电子控制器，也可以设计成具有电流计数方式判别故障的 RTU，因此，该类分段器是一款可以升级逐步实现配电自动化应用的分段器。电子控制型分段器需要配套电流互感器，电流互感器检测出的故障电流经电流互感器二次侧变换送入隔离变压器，采样故障电流整流后，对计数电容器充电，计数电容器给计数和记忆回路供电，当达到预设的计数次数后，电路导通，并由分闸储能电容驱动分闸脱扣线圈实现分段器的分闸。目前，馈线自动化中的电流计数型分段器多采用电子控制型分段器。

2.3.2.5 用户分界开关

用户分界开关可分为用户分界负荷开关及用户分界断路器，其目的是为了解决用户侧故障对配电网主干线故障的影响造成的事故扩大。用户分界开关主要安装在 10kV 配电线路用户进户线的责任分界点处或符合要求的分支线 T 接处，实现对分界点后用户故障的快速隔离，是一款近几年蓬勃发展起来的用户侧管理自动化产品。

图 2.20 是一款用户分界负荷开关成套设备图。用户分界负荷开关的设计是在柱上真空负荷开关本体结构内部增加了电压互感器和零序电流互感器，操动机构采用了电磁脱扣分闸机构实现的。主回路部分采用可三相电流关合、开断的真空灭弧室和隔离断口，灭弧室和隔离断口的分合由两根绝缘转轴传动实现，连接部分用软连接和接触子实现导流及提供零序电流、电压的采样原始信号，两端保留了瓷套浇铸一体化电缆引出，开关内充满 SF_6 气体。

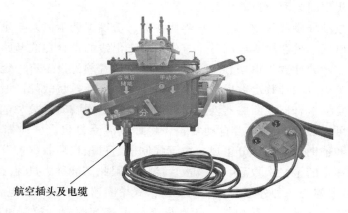

航空插头及电缆

图 2.20　用户分界负荷开关成套装置

用户分界负荷开关的控制终端具有单相接地故障和相间短路故障的处理功能，用户可通过用户分界开关控制器的定值窗整定或修改相间短路电流保护定值、零序（单相接地）

电流保护定值、零序（单相接地）保护延时时间，来实现不同线路接地方式的保护，控制器具有串口通信功能，可通过 GPRS、CDMA、手机 GSM 短信转发或有线方式对控制器进行远方通信、管理，或以站端就地方式（如掌上电脑 PDA）实现站端就地管理，从而实现自动切除单相接地故障、自动隔离相间短路故障、快速查找故障点以及监视用户负荷等功能。

2.3.3　配电变压器

配电变压器是配电系统中根据电磁感应定律变换交流电压和电流而传输交流电能的一种静止电器，通常装在电杆上或配电所中，一般能将电压从 6～10kV 降至 400V 左右输入用户。作为将电能直接分配给低压用户的电力设备，其运行的各种数据的实时监测是配电自动化系统的一个重要方面。

配电电力变压器可以将某一数值的交流电压（电流）变成频率相同的另一种或几种数值不同的电压（电流）。当一次绕组通以交流电时，就产生交变的磁通，交变的磁通通过铁芯导磁作用，在二次绕组中感应出交流电动势。二次感应电动势的高低与一、二次绕组匝数的多少有关，即电压大小与匝数成正比。主要作用是传输电能，因此，额定容量是它的主要参数。额定容量是一个表现功率的惯用值，它是表征传输电能的大小，单位为kVA 或 MVA，当对变压器施加额定电压时，根据它来确定在规定条件下不超过温升限值的额定电流。

现在较为节能的电力变压器是非晶合金铁芯配电变压器，其最大优点是，空载损耗值特低。最终能否确保空载损耗值，是整个设计过程中所要考虑的核心问题。当在产品结构布置时，除要考虑非晶合金铁芯本身不受外力的作用外，同时在计算时还必须精确、合理地选取非晶合金的特性参数。

很多国家和地区（如日本、东南亚、南北美洲地区）大量使用单相变压器作为配电变压器。在供电分散的配电网络中，配电变压器有较大的优点，可直接安装在最靠近用电负荷的地方，缩短低压网络供电半径，降低损耗，提高供电质量，给小动力负荷用户和城市路灯供电带来极大的方便。目前多应用于铁路、城市电网节能改造配电线路，农村电网、偏远山区、分散村落、农业生产等照明和动力用电，可单相运行或 3 台单相成组作为三相运行。

结合我国 10kV 系统的配电特点，配电变压器可为小电力负荷用户和 10/0.4kV 配电网提供一种新型的分散负荷供电方式。一台单相配电变压器仅向 10～20 户居民供电，当单相配电变压器出现故障时，受影响的居民户数大幅减少，配电线路的供电可靠率得到较大提高。

配电变压器监测终端（简称配变终端 TTU）是一种置于变压器现场，通过电压互感器和电流互感器等传感器组对变压器二次测得的电气参数进行采集与控制的自动化设备。传统的配变监控终端一般是基于单处理器的设计方案，特点是结构简单、易于实现，缺点是无法实时数据完成处理。随着我国坚强智能电网计划的进行，配变监控终端作为坚强智能电网中的基础设施，也必须做出相应的升级和改进来满足我国坚强智能电网对配变监控终端实时性、低成本、高精度的要求。

考虑到配变监控终端网络化的要求，利用 GPRS 模块将配变终端连接到比较常用的 GPRS 网络，通过 GPRS 网络将配电变压器的相关信号传到中心服务器，得到变压器运行的参数，异常情况的报警，通过这些数据，我们可以对变压器的运行状况进行分析和预测来保证电网安全、有序、稳定地运行。

2.3.4 电缆配电开关设备

随着配电网电缆化进程的快速发展，各类针对电缆线路分割、分接、线路保护和负荷管理的电缆网配电开关设备也快速发展起来。本节介绍常用的电缆网开关设备环网柜、分接箱、固体绝缘开关柜及其在配电自动化的应用。

1. 环网柜

环网柜从本质上说就是采用负荷开关柜、负荷开关—熔断器组合电器柜或断路器柜组成的交流金属封闭开关设备，由于较多应用在 10kV 及以下电缆线路环网供电，因此被人们称为环网柜。典型的 4 间隔带自动化监控的环网柜外形图见图 2.21。

图 2.21　典型环网柜外形图

环网柜根据应用环境可以分为户内环网柜和户外环网柜。户内环网柜用于高压侧的配电，主要由进线柜、计量柜、电压互感器柜、变压器出线柜等组成，也可根据需要安装断路器，以保证电网的顺利安全通断。户外环网柜则是用于城市电网配电线路环网供电，较多采用 SF$_6$ 或者真空开关，户外环网柜的防腐等级高，并有一定的防水、耐潮性能，可以承受户外比较复杂的工作环境。

环网柜的作用是联系环网线路、用户分支割接，以提高线路供电可靠性，如环网线路合环运行、环网线路负荷割接、用户分支保护等。环网柜的主要电器元件是负荷开关、断路器和熔断器，因此，根据采用开关的不同，分为负荷环网柜、断路器环网柜等；根据灭弧介质的不同，分为真空环网柜和 SF$_6$ 环网柜；根据使用位置的不同，可分为进线环网柜、出线环网柜和联络环网柜等。

环网柜作为成套配电设备的应用历史已有 40 多年，早期的环网柜产品多为空气绝缘，采用配充油式、产气式或压气式负荷开关。在 1978 年汉诺威博览会上，由德国的 Driescher 公司首先展出了 Minex 型 SF$_6$ 环网柜，因其体积小、安全可靠性高、免维护性好而被许多环网柜制造厂家效仿。20 世纪 80 年代出现了 3 工位 SF$_6$ 负荷开关使得负荷开关柜的结构更加简化，负荷开关与接地开关间的联锁也变得简单，此时的环网柜具有配置灵活、便于自由扩展、组合功能单元便利、维修方便等优点。

近 10 年来，因对供电设备可靠性和电缆线路自动化的要求不断提高，城市占地空间少，使环网柜得到进一步的发展，除了 SF$_6$ 环网柜之外，基于满足环保、自动化频繁操作性和应用模块化等要求，真空环网柜和固体绝缘环网柜得到了迅猛发展。将 2 个进出线加 1 个变压器保护的 3 单元做成一体式结构环网柜，或根据需要扩展为更多单元集成的环网柜，柜子设计成密封壳体采用 2.5～3mm 普通钢板或不锈钢焊接，寿命期内一次性充 SF_6 气体后密封，提高了设备运行的可靠性和稳定性，减少了运行和维护费用，实现了设备的小型化和免（少）维护；按不同间隔控制和自动化需求，灵活配套手动操动机构或既可手动又可电动的操动机构，使环网柜应用功能更加完善。

环网柜作为终端电气设备，需求量大面广，其安装方式和地点多样，环网柜因体积小、造价低、占地面积小等特点，而特别适用于城市配电系统电缆线路中。目前广泛应用于住宅小区、高层建筑、中小企业、大型公共建筑等，环网柜已成为配电系统的重要设备之一。

图 2.21 所示的 4 间隔智能真空环网柜。一般设计为两个进线柜，两个出线柜，进线柜一般为负荷开关柜，出线柜一般为出线保护柜（或组合电器柜），现在也有用断路器取代负荷开关或负荷开关—熔断器组合电器作为进、出线柜的主开关。

图 2.22 为 4 间隔智能真空环网柜的电气控制图。两路进线真空开关可配套电压时间型控制器终端也可配套电流型集中测控终端，两路出线真空开关配套了用户分界（看门狗）控制器以实现支线的故障保护，侧门配套了集中型测控终端和与主站的通信设备（如光纤、无线或有线通信模块）。

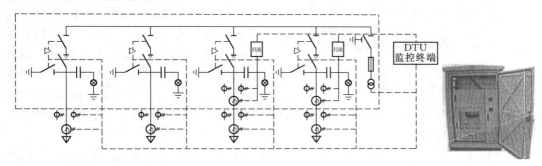

图 2.22　典型带监控 4 单元环网柜电气图

进线柜按主干线路自动化监控，可完成主干线路的电源方向调整、环网供电，事故时实现故障区间隔离和非故障区间的供电恢复。出线柜直接到用户终端变压器，配套的自动化监控终端可以实现对变压器、低压出线及母线等进行故障保护；也可以采用组合电器中的高压限流熔断器保护变压器，可以快速切除电路故障，有效地防止了变压器内部短路故障。

环网柜灵活选择多回路进、出线柜组合，目前较多采用 3 单元（2 进 1 出或 1 进 2 出）、5 单元（2 进 3 出或 3 进 2 出）柜，有做到 6 单元（2 进 4 出）方式的，当大于 6 单元时，一般采用扩展连接组合实现更多回路的控制和监视，其自动化监控终端可以方便地根据监控性质进行配套和扩展。

通过对用户侧负荷需求的分析，配套不同单元间隔的环网柜，可以有效地扩大供电对象及保护范围，提高配电网供电的灵活性和可靠性，更合理经济地控制和分配电能。

2. 电缆分接箱

电缆分接箱是一种用来对电缆线路实施分接、分支、接续和转换电路的设备，多用于户外。针对容量不大的独立负荷分布较集中时，可利用电缆分接箱进行电缆多分支的连接或转接。

电缆分接箱按分支方式分为美式电缆分接箱（采用并联分支方式）和欧式电缆分接箱（采用串联分支方式）。按电气构成一般分为两大类：一类是不含任何开关设备的，箱体内仅有对电缆端头进行处理和连接的附件，结构比较简单，体积较小，功能单一，可称为普通分接箱；另一类是带开关的电缆分接箱，其箱体内不仅有普通分接箱的附件，还含有一台开关设备，其结构相对复杂，它有时也被归类为单间隔环网柜。

普通电缆分接箱进线和出线在电气上连接在一起，电位相同，用于分接或分支接线，通常习惯将进线回数加上出线回数称为分支数。如 3 分支电缆分接箱，可以用于 1 进 2 出或 2 进 1 出。此类电缆分接箱原则上不进行自动化监控，在此不做讨论。

图 2.23　带保护的电缆分接箱

带开关的电缆分接箱内含有开关设备，既可以起到普通分接箱的分接、分支作用，又可以起到供电回路的控制、转换以及改变运行方式的作用。开关端口大致将电缆回路分隔为进线侧和出线侧，两侧电位可以不一样。

图 2.23 给出了带开关电缆分接箱的外形图。根据自动化需求的不同，可以采用一路 RTU 控制，对开关进行电压、电流、遥信、遥控、电缆分接头等方面远程监测和控制。也可以根据保护需要，配套相应的控制装置，实现各类馈线自动化功能，配合完成故障隔离控制、事故保护，如用户分界电缆分接箱、电压时间型电缆分接箱、电流计数型电缆分接箱等。

3. 固体绝缘开关柜

固体绝缘开关柜是一种以环氧树脂固体绝缘技术为基础，采用全绝缘模块化设计的断路器、隔离开关、接地开关、全绝缘的电流电压互感器、绝缘母线系统及绝缘进出线组成新型开关柜结构方式，可以用于开闭所做高压开关柜用，也可以用于环网柜组柜及线路自动化。通过集成永磁机构技术、配网终端技术、线路保护技术及通信技术，在满足高压电器技术标准基础上，更加符合高压开关柜和配电自动化的发展需求。

图 2.24 是一款最新的固体绝缘开关柜结构示意图。本体采用三相固体绝缘结构（包含了隔离开关、断路器、接地开关等部分）。开关全部采用真空断口，通过环氧树脂 APG 工艺技术把隔离开关、断路器、接地开关及进出线固封在一个绝缘筒内，绝缘筒既作为开关本体的主绝缘，又是开关本体的主要机械支撑部分；开关三相共用一个箱体，操作机构固定在机构箱体内，断路器采用三相独立的永磁机构进行分、合操作，同时具备手动分闸功能。开关可与自动化装置配合，实现配电自动化功能。

固体绝缘真空开关柜代表着最新的开关柜发展技术，主要特点如下：

（1）开关全部采用真空断口，真空开关管具有体积小、优良的断口，绝缘性能优良，满足大容量开断和高可靠性的特点。

（2）开关整体采用固体绝缘，真空开关管封装在绝缘筒内，通过真空注射浇注工艺模压在一起，绝缘性能良好，外形尺寸小，可大大缩小开关的体积，减轻开关重量，实现开

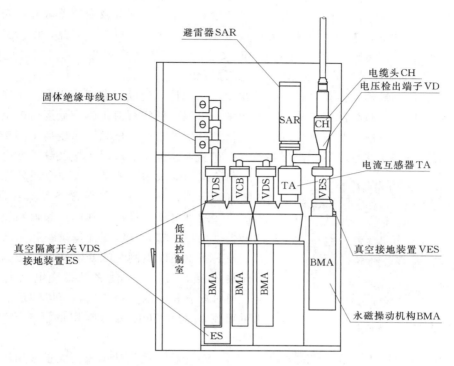

图 2.24　固体绝缘开关柜结构示意图

关小型化。此外，绝缘筒既作为绝缘件保证了开关的断口绝缘和对地绝缘，又作为支撑件承载了开关的机械支持强度和开关分、合时的冲击力。

（3）隔离开关和接地开关共用一个手动操作机构，既实现了开关机械联锁和联动功能，同时又简化了繁琐的操作流程，满足了机械联锁的要求。

（4）断路器采用3个单极单稳态永磁机构，开关合闸状态靠永磁体来保持，分闸状态靠分闸弹簧来保持。合闸时，线圈带电，动铁芯向合闸位置运动，同时分闸弹簧和超程弹簧储能，到达合闸位置时，动铁芯被永磁体吸合，切断合闸电流后，动铁芯仍然保持在合闸位置；分闸时，对线圈施加一反向电流脉冲，该电流的去磁作用消除了部分合闸保持力，动铁芯在分闸弹簧和超程弹簧的作用下向分闸位置运动，最终由分闸弹簧保持在分闸位置。开关还装有手动分闸装置，实现手动分闸。

（5）开关导电体全部采用绝缘材料进行包覆，具有可靠的环境耐受能力，在各种使用环境条件下都能可靠工作，能完全适应严重潮湿、严重污秽等恶劣环境。

（6）开关柜可灵活选择重合控制器、分段控制器、分界控制器等配合，实现重合器、分段器、分界断路器功能，从而具备配电自动化功能。

（7）每组开关可作为一个独立的单元，可多间隔组合和扩展，可更换。稳定、可靠的性能，灵活、方便的安装方式可满足各种供配电方案的需要。

2.3.5　箱式变电站（箱式开关站）

配电网末端变电站早期主要有户内变电站和杆上变电站两种。户内变电站建设周期长、占地面积多、投资高；杆上变电站经济性较好，但高压部分及变压器敞开，安全性差且不易设置更多计量、保护、控制及无功补偿等设施及多回路供电，因此，设计了一种集户内变电站和杆上变电站优点为一体，同时又能满足高压系统向低压系统输送电能的设备，就是高压/低压预装箱式变电站（以下简称箱变）。

箱变具有成套性强，占地面积小，简化变电站设计，建设周期短等优点。箱变可将中压深入到负荷中心，减少网损，易与环境协调，可以方便实现对末端高低压变配电设备的多种保护控制功能集成，是一种技术性和经济性较优的末端变电站。箱变通常用于城市公共配电、交通运输、住宅小区、高层建筑、工矿企业，油田、临时工地及移动变电站等。

图 2.25　典型箱变外形图

预装式箱变采用接地金属或非金属外壳。外壳内装着变压器，高、低压开关设备及其控制设备，内部连接线（电缆、母线和其他）和辅助设备，并能够根据用户要求装设电能计量设备和无功补偿设备。通过将上述配电网终端变电站设备在制造厂内预先集成装配在一起，使之具备变电站的基本功能。通过配套相应的监控终端，可以满足配电自动化对箱变的监测和控制。典型的箱变外形图见图 2.25。

20 世纪 60 年代初，箱变在欧美地区兴起，80 年代一些发达国家已大量采用箱变，随着箱变的普及，其性能及制造水平也不断提高，功能不断完善，箱体材料也由普通钢板、热镀锌板、铝合金板、不锈钢板发展到塑钢板、非金属玻璃纤维板、水泥预制板等，目前在一些发达国家箱变已占到末端变电站的 80% 以上。我国箱变在 20 世纪 70 年代末开始出现，90 年代初，设计出了箱体铝铁夹芯、箱顶夹层，以及具有较好隔热通风效果的仿欧式箱变。

目前国内常见的箱变按结构与功能可以分为欧式箱变、美式箱变和组合式箱变：欧式箱变具有公共外壳；美式箱变没有独立外壳，负荷开关和熔断器置入变压器油箱之中；组合式箱变是将高、低压开关设备和变压器分别装配在不同的箱壳中，现场组装，这主要应用于较大容量的箱变中。

欧式箱变按高压室、低压室、变压器室的布置方式主要分为目字形、品字形结构，并由此还可演化出其他结构形式。按其安装地点与地平面关系可分为地上式箱变、浅埋式箱变、半埋式箱变和地埋式箱变。欧式箱变在欧洲、中国和其他国家都比较流行，也是目前我国市场上主导产品之一。

美式箱变是在变压器基础上发展起来的一种结构形式。它的特点是将高压侧负荷开关和环网开关的结构进行简化并与变压器浸入同一油箱中，不再另外设置箱变外壳，因此，体积大大缩小，造价相应降低；另一个特点是采用双熔断器保护，其熔丝具有电流、温度双敏特性而使保护灵敏度和可靠性大大提高；同时，美式箱变的全密封、全绝缘性能可以简化安装。

图 2.26 为高压/低压预装箱式变电站典型电气线路图。从中可以看出：由进线柜 A、B 和组合电器柜 C 组成的环网供电单元作为箱变中的高压开关设备；T 是箱变中的变压

器；D 是低压主进线断路器；M 是计量单元；S1、S2…Sn 是多路低压出线开关，这些构成了箱变中的低压开关设备，它们具备了箱变的基本功能。

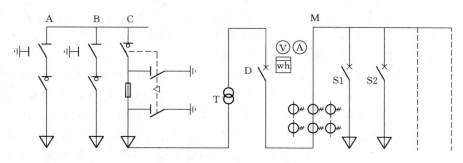

图 2.26　典型箱变电气图

　　配电自动化系统对箱变的监控也是根据不同的电气线路图，实现对高、低压开关设备，变压器和相关计量单元进行信息采集和监视控制的。

　　早期的箱变作为无人值守设备，较多的是单独运行，不设远程监控和采集，但随着计算机通讯技术的迅猛发展和配网智能化需求，智能型箱式变电站也越来越多地被广大电力用户关注。

　　图 2.27 为箱变内各设备信息上传采集终端与配电自动化主站系统信息连接示意图。箱变用配电自动化远方终端可采用集 DTU、TTU、线路保护及通信设备管理于一体的新型配电自动化终端，该终端的 DTU 功能模块实时监测 10kV 线路电压、线路电流、零序电流、设备状态等运行及故障信息，完成遥信、遥测、遥控功能，实现箱变内高、低压开关的实时监控；其 TTU 功能实现监测配电变压器低压线路电压、电流数据，完成数据处理分析、存储、统计、低压无功补偿等功能；通过通信管理模块与主站系统通信完成数据传输等功能，从而实现与配电自动化主站系统的信息互动和管理。

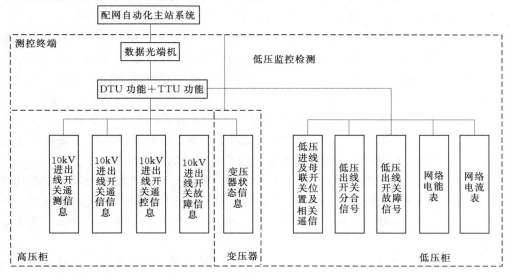

图 2.27　箱变内数据上传示意图

2.3.6 操动机构

配电开关设备的机构是实现配电设备按规定要求完成配电线路分断、接通的机械装置，由操动机构、锁扣机构、脱扣动力装置和自由脱扣机构等组成。操动机构是开关设备合分闸的原动力，被称为配电开关设备的神经枢纽。

开关的操动机构分手动机构和动力机构，根据不同的动力种类，动力操动机构分为：①电磁操动机构，利用电磁铁通断电时产生的吸力作为开关合闸动力；②弹簧操动机构，利用被压缩或拉长的弹簧释放位能所产生的力，使开关合、分闸；③液压操动机构，利用液体（一般采用航空液压油或变压器油）作为传递介质，以高压力的液体推拉工作缸内活塞运动，驱使开关合、分闸；④气动操动机构，利用压缩空气作为传递介质，通过阀门控制气缸内活塞的运动，使开关合、分闸；⑤电动机操动机构，利用电动机的转矩驱使开关合、分闸；⑥重锤操动机构，利用重锤自由下落时的重力使开关合闸；⑦斥力操动机构，利用交变磁场间的斥力直接使触头分合；⑧永磁操动机构，利用永磁体产生电磁线圈，通过改变线圈的极性，利用磁力相吸或排斥的原理，驱动分闸或合闸。

上述操动机构在开关设备发展的不同时期均有采用，在配电自动化开关设备领域目前使用较多的是电磁操动机构、弹簧操动机构，近年来永磁技术得到了迅猛发展，永磁操动机构原理因能更好地满足配电自动化配合需求而备受关注。

1. 电磁操动机构

用于配电自动化开关的电磁操动机构的工作原理：①依靠合闸电流流过合闸线圈产生的电磁吸力来驱动合闸，同时压紧跳闸弹簧，依靠跳闸弹簧实现分闸；②依靠电磁线圈流过控制电流合闸，失去控制电流即分闸。

（1）第一种原理是传统的电磁操动机构原理。在自动化控制的应用中，通过从线路上取电提供供电电压，实现电磁合闸，当需要分闸时，通过提供电源使分闸线圈或者驱动跳闸弹簧脱扣来分闸。典型的电磁操动机构示意图见图 2.28。其动作过程如下：

1）合闸过程：合闸线圈通电，动铁芯在磁力作用下向上动作，推动连杆 2 与连杆 3 之间的滚轮向上运动，当滚轮高于掣子端面时，掣子在复位扭簧的作用力下回复（在铁芯推动滚轮的运动过程之中，掣子被连杆 2、3 组件侧推向左旋转），当合闸线圈失电后，推力消失滚轮落在掣子端面上，实现合闸任务。

2）分闸过程：脱扣器通电，脱扣器动铁芯撞击连杆 5、连杆 6 之节点，使其小于 180°脱离死点，由连杆 1、2、3、4、5、6 组成的平衡状态被打破，输出转轴在分闸扭簧的转矩作用下带动滚轮沿掣子端面滑落如掣子沟槽内，完成分闸任务。

（2）第二种原理用于来电关合、无压释放型电磁机构，应用于配电自动化中有其独到之处。图 2.29 是来电关合、无压释放型开关的操动机构电气控制原理图，通过开关在自动和在来电关合、无压释放原理下保持负荷开关躲过短路开断的短路保持功能，实现自动操作。

合闸过程如下：当额定操作电压加在操动机构的输入插针 1 和插针 2 之间时，控制继电器 CX 通电，CX 的触头关合，这时合闸线圈 CC 通电，操动机构发出合闸命令使开关闭合。开关合闸后其操作机构的行程开关 CCb 断开，控制继电器 CX 失电。这时 CX 的触

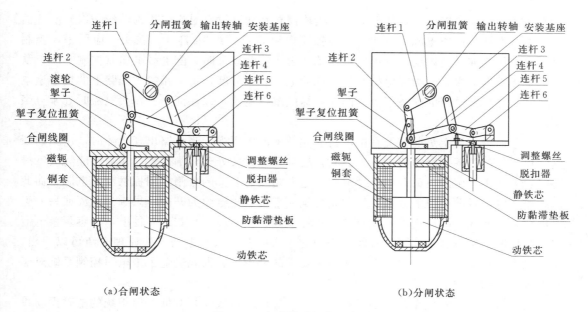

连杆1　分闸扭簧　输出转轴　安装基座

连杆2

滚轮

掣子

掣子复位扭簧

合闸线圈

磁轭

铜套

连杆3
连杆4
连杆5
连杆6

调整螺丝

脱扣器

静铁芯

防黏滞垫板

动铁芯

（a）合闸状态

连杆1　分闸扭簧　输出转轴　安装基座

连杆2

掣子

掣子复位扭簧

合闸线圈

磁轭

铜套

连杆3
连杆4
连杆5
连杆6

调整螺丝

脱扣器

静铁芯

防黏滞垫板

动铁芯

（b）分闸状态

图 2.28　电磁操动机构示意图

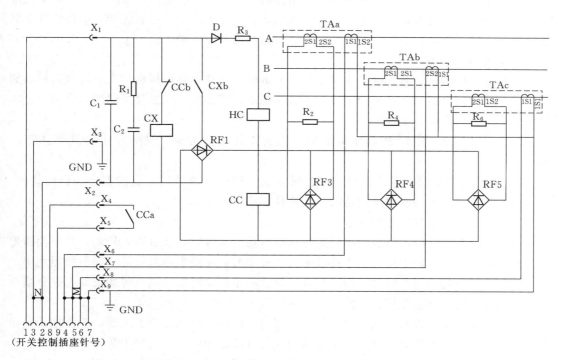

图 2.29　机构电气控制原理图

头断开，操作电流经串联电阻 R_3、维持线圈 HC 和关合线圈 CC，形成维持电路。开关以一个较低的电流维持合闸状态。

分闸时的短路保持功能为：由于是负荷开关，因此在出现故障电流时，要求开关在站内断路器跳闸后才能分开，传统的开关机构需要在线路没电时操作机构动作一次开断，而这一原理设计的操作电源可以让开关在控制电源断开后约 1s 打开。在实际应用中，控制电压由高压线通过电源变压器提供，因此在发生短路故障时，配电线电压（控制电压）跌到一个相当低的水平。为了保持开关在故障电流时不分断，每一相的主回路上的贯穿型电流互感器在故障电流的状态下为合闸线圈提供维持电流，以保证开关在大电流时处于合闸状态。

一般而言，柱上负荷开关在配电自动化技术的应用中，当线路出现故障时，由站内断路器保护首先跳闸切断短路电流，此时，柱上负荷开关处于合闸位置，当需要隔离故障线路时，需要将合闸的负荷开关电动分闸，这就需要为开关的分闸线圈提供额外电源，而此时线路无电，目前解决的办法是控制系统配大容量的蓄电池为开关提供额外电源或另外引电源线，然而在实际应用中，配电自动化柱上开关分布面广且在户外柱上，大容量蓄电池定期维护和定期寿命更换更是实际应用中的一大问题。从其电动工作原理介绍可以看出，这个机构原理设计在满足电网自动化应用要求的基础上，彻底避免了停电时控制系统对额外电源需求的问题。

电磁操动机构的优点是机构简单、工作可靠、制造成本相对低，但传统的电磁操动机构合闸线圈消耗功率较大，分闸需要在线路停电时提供电源，因此需要大功率的电源或配备一定容量的蓄电池组，不便于维护，而来电即合、无压释放型电磁机构在原理设计上满足自动化需求，且避免了因为使用外配电源引起的大规模维护。

2. 弹簧操动机构

弹簧操动机构是目前配电开关设备常用的机构。弹簧操动机构动作大致可分为弹簧储能、维持储能、合闸与分闸 4 个部分，弹簧储能通过储能电机压紧弹簧储能，合闸、分闸依靠弹簧来提供能量。

下面以 ZW20 真空断路器弹簧操动机构的工作原理为例，进一步了解其整体工作方式。

ZW20 真空断路器弹簧操动机构由合闸弹簧、储能系统、过流脱扣器、分合闸线圈、手动分合闸系统、辅助开关及储能指示等部件组成，见图 2.30。

其储能、分闸、合闸过程如下：

（1）电动储能。电动机将输出扭矩传递给机构的小链轮，经过链条传动，带动拐臂旋转，使合闸弹簧储能，当拐臂上压杆推下行程开关时，切断电动机电源，弹簧储能完毕。

（2）手动储能。用手转动机构输出轴，轴上的小齿轮将旋转扭矩传递给与它充分啮合的大齿轮，从而带动拐臂旋转，使合闸弹簧储能。

（3）电动分闸。机构接到分闸信号后，分闸电磁铁的动铁芯向上运动，从而推动脱扣杆向上运动，使分闸半轴与分闸掣子之间的约束解除。同时，分闸掣子受滚子压迫而逆时针转动，使多爪拐臂因受分闸弹簧的推力而逆时针旋转，于是完成分闸操作。

（4）手动分闸。当分闸半轴逆时针旋转时，多爪拐臂逆时针旋转，同时带动分闸掣子旋转，产生与分闸电磁铁操作同样的效果。

（5）过流脱扣。当规定的脱扣电流通过过流脱扣器中的过流线圈时，电磁铁动作，推杆顶动脱扣杆，使分闸半轴与分闸掣子之间的约束解除，从而产生与分闸电磁铁操作相同

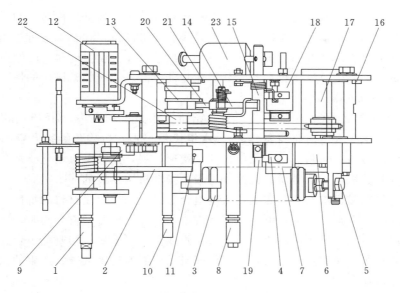

图 2.30　弹簧操动机构示意图

1—手动储能轴；2—拐臂；3—储能簧；4—连锁板；5—调整螺栓；6—储能电机分闸掣子；7—合闸脱扣器；
8—手动合分轴；9—行程开关装配；10—储能指示轴；11—顶杆；12—辅助开关；13—输出拐臂；
14—分闸拐臂；15—分闸半轴；16—整流块；17—电机轴装配；18—分闸脱扣器；19—合闸半轴；
20—合闸拐臂；21—限位销；22—主轴装配；23—过流脱扣器

的效果，使断路器过流脱扣动作。

（6）电动合闸。机构接到合闸信号后，合闸电磁铁的动铁芯向上运动，从而推动脱扣杆向上运动，使合闸半轴与合闸掣子之间的约束解除。同时，合闸掣子受滚子的压迫而逆时针转动，释放储能状态，由于合闸弹簧的收缩力使凸轮受到冲击，撞上输出轴上的多爪拐臂，完成合闸操作。

（7）手动合闸。当合闸半轴逆时针旋转时，多爪拐臂逆时针旋转，同时带动合闸掣子旋转，产生与合闸电磁铁操作同样的效果。

（8）重合闸操作。机构释放储能弹簧的能量后，完成合闸操作，在合闸状态，机构再次完成储能操作后，机构处于合闸状态，在此状态一旦接到正确的信号后，机构便能实现一次自动重合闸操作。

弹簧操动机构的工作原理是利用储能电机的旋转，通过齿轮传动，以储能弹簧拉长后的储能为动力，使开关实现合闸动作。当合闸时，合闸线圈通电吸合，打开锁扣装置，用弹簧的拉力带动操动机构合上断路器。弹簧储能机构的特点是合闸时，已储能的弹簧释放能量；合上闸后，弹簧再次储能，为下一次合闸做准备，即在运行中如失去储能电源仍可合闸操作一次。分闸时，储能弹簧能量不释放。因此，弹簧操动机构可采用人力或小功率交、直流电机来驱动，因而合闸时基本不受外界因素（如电源电压、气源气压、液压源液压）的影响，既能够获得较高的合闸速度，又能够实现快速自动重复合闸操作。采用弹簧操作机构的优点是大大减少了合闸电流，对直流操作电源的容量要求较低，但也存在电机储能时噪音大、易出故障的不足之处。

一般弹簧操动机构有上百个零件，传动机构较为复杂，运动部件多，制造工艺要求较高。此外，弹簧操动机构滑动摩擦面多，而且多在关键部位，在长期运行过程中，这些零件的磨损、锈蚀以及润滑剂的流失、固化等都会导致操作失误。同时，受制造工艺和材料的影响，弹簧操动机构故障率较高，尤其是在自动化需求使其频繁操作的情况下。

3. 永磁操动机构

早在 20 世纪 60 年代，国外大公司就开始研究永磁操动机构，70 年代陆续推出了配永磁操动机构的中压真空断路器模型，到 80 年代末配永磁机构免维护真空断路器开始面市，产业化的永磁真空断路器近十几年得到了快速发展，尤其是自动化要求免维护、长寿命、高可靠的开关机构，永磁操动机构成为未来操动机构发展的一个热点。

永磁机构将电磁机构与永久磁铁有机地组合起来，利用永磁材料的特性，使永磁体周围形成电磁线圈。正常情况下，电磁线圈不带电，当开关要分闸或合闸时，通过改变线圈的极性，利用磁力相吸或排斥的原理，驱动分闸或合闸。永磁机构避免了合分闸位置机械脱扣、锁扣系统所造成的不利因素，无需任何机械能而通过永久磁铁产生的保持力就可使真空断路器保持在合、分闸位置上。

永磁操动主要可以分为两个类型，即单稳态永磁操动机构和双稳态永磁操动机构。单稳态永磁操动机构的工作原理为在储能弹簧的帮助下快速分闸，并保持分闸位置，只有合闸保持靠永磁力；双稳态永磁操动机构的工作原理为分、合闸及分、合闸保持都靠永磁力。

双稳态永磁操动机构的结构变化多样，但其原理目前只有两种：双线圈式（对称式）和单线圈式（非对称式）。双线圈式永磁机构的特点是采用永久磁铁使真空断路器分别保持在分闸和合闸极限位置上，使用激磁线圈将机构的铁芯从分闸位置推动到合闸位置，使用另一激磁线圈将机构的铁芯从合闸位置推动到分闸位置。单线圈式永磁机构是采用永久磁铁使真空断路器分别保持在分闸和合闸极限位置上，但分合闸用一个激磁线圈。也有分、合闸用两个激磁线圈，但两个线圈在同一侧，并线圈的通流方向相反。其原理与单线圈式永磁机构相同。合闸的能量主要来自激磁线圈，分闸的能量主要来自分闸弹簧。

图 2.31 为一个双稳态设计的永磁机构示意图，当线圈电流超过规定值时，电枢带动驱动杆压缩弹簧，一旦吸持力超过定值，开关在线圈和永磁体储存能量作用下闭合，完成开关合闸。当从反方向给线圈加电压时，在超过磁铁吸持力的情况下，可以解锁励磁机构，完成开关分闸。分闸所需的能量来自于闭合过程中的接触压力和弹簧释放力，整个过程的完成与电动分闸电源和手动分闸的操作者无关。分闸所需能量大约为合闸的 1/30。

永磁机构就其原理而言，机械结构特别简单，与弹簧机构比较其部件减少约 60%，运动部件可以减少至一个，合、分闸部件简练，故机构故障率随之减少，机械可靠性高，永磁机构整体可靠性较弹簧操作机构要高。此外，其体积小、重量轻，使其对操作电源要求进一步降低，降低了设备因户外取电带来的障碍。而且永磁机构的出力特性能与真空断路器的负载特性很好匹配。永磁机构用永磁锁扣，电容器（或直流屏供电）储能，用电子控制，永磁机构特别适用于频繁操作，可达 6 万～15 万次。但要注意，其本质上还是电磁操动机构，瞬时功率大及机械特性控制是其难点，在分闸特性方面因动铁芯参与分闸运动，使分闸时运动系统的运动惯量明显增大，对提高刚分速度很不利。启动电容以及电子

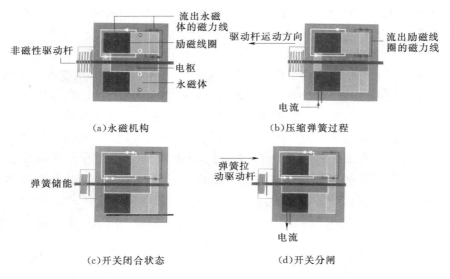

（a）永磁机构   （b）压缩弹簧过程

（c）开关闭合状态   （d）开关分闸

图 2.31 单线圈铁磁式励磁机构示意图

控制线路的寿命、温度特性及可靠性是操动机构总体可靠性的瓶颈，应加以高度重视，这些问题若能解决永磁机构应为配电设备的首选机构。

2.3.7 配电设备在配电自动化中的应用

多数配电设备安装在户外，风吹日晒雨淋，其运行环境受外界影响较大。而配电自动化要求配电设备不仅满足无油化、免维护、小型化、高可靠性的要求，同时还应满足频繁操作性和智能化的要求，因此，配电自动化开关设备还需要特别关注以下 6 个方面。

1. 实现真正的少（免）维护

配电网深入到城市和乡村的每一个环节，因此，柱上配电开关设备和电缆设备也遍布到每个用电角落，如此广泛的地域和巨大的开关（柜）数量，使任何户外作业、维护工作量和费用的累计都是巨大的，因此，少维护配电开关设备就显得尤其重要。

配电自动化的实施将使配电网的一、二次设备数量成倍地增加，尤其是增加了大量智能化的配电开关成套设备［如重合器、分段器、自动配电开关（柜）、用户分界开关（柜）等］。由于户外运行条件相对恶劣，将有可能进一步扩大高空、路边作业范围，这将更进一步增加了运行维护成本。为此必须采用高可靠性、少（免）维护的产品，否则供电企业将会承担大量的维护成本。

从少（免）维护的角度看配电自动化开关（柜），首先，外箱可采用喷涂材料耐受能力强的钢材或不锈钢材料，使户外耐腐蚀性好；操动机构设计尽量简洁，寿命不低于万次，可密闭在箱体内，避免传动障碍和裸露带来的生锈、腐蚀等问题；由于真空灭弧室开断技术在 10kV 领域已成熟并且是一种免维护的器件，因此，可以选用真空灭弧室作为灭弧、开断的核心元件；可采用表压下 SF_6 气体作为外绝缘，使配电开关（柜）设备既可以小型化设计同时又避免 SF_6 气体形成压力泄漏；架空配电设备出线可以采用全密封瓷套电缆方式，以避免出线电缆长期户外运行，静电吸尘带来的绝缘下降，需要擦瓷瓶等维护问题；配电开关设备的自动化接口设计要考虑免维护性，如采用专业军品级航空插座保证连接安全等。

2. 提高户外防凝露能力

配电自动化开关（柜）运行在户外露天环境中，一年四季需要承受不同气温的变化，且当白天日晒强烈时一日之间也会面临早晚巨大的温差变化，可能会使空气中的水分凝结在绝缘件表面，或因密封性能不好形成呼吸效应，从而造成绝缘强度的降低。

为了防止凝露造成配电开关（柜）设备绝缘失效或配套的电子产品短路而引发事故，可以根据开关（柜）类型采用以下手段防凝露：①采用全密封出线全绝缘锥形电缆；②提高绝缘件的爬电距离；③全密封箱体内充零表压的 SF_6 气体；④箱体放置长效干燥剂；⑤做好电缆地沟进出线的防护。从不同类型配电开关设备实际应用结果来看，由于 SF_6 气体比空气重 6 倍，充零表压的 SF_6 气体只有向下重力形成的压力、溢出量少，是一种有效的防凝露措施。

3. 选用低功耗或自动化运行配合型操作机构

配电自动化开关的野外无源运行环境决定了开关设备在自动控制条件下，其控制电源问题比较难解决。而一般配电开关设备较多采用电磁机构或是弹簧储能机构，日常运行需要有大功率电源支持，特别是在电网失电的情况下，当配电自动化开关还需要进行自动分合闸操作时，需要提供大功率蓄电池来支持，这成为了户外配电开关设备用于自动化时的一个难题。一方面，设计出小功耗操动机构（如永磁机构）或采用类似无压释放型（如日本 VSP5 电磁机构）开关操动机构来应对，另一方面，选用外接电源和备用电源（如先进的蓄电池技术、超级电容组等）有一定能力的电源来应对。

4. 满足自动化要求的传感器

配电自动化技术的应用，需要监测每台开关的电压、电流及相关运行状态，因此，不同于传统只需实现分、合的配电开关设备，配电自动化开关设备还需要配套采集开关内、外部信息的各类传感装置，基本传感器有：采集线路电压信号的电压传感器、采集电流信号的电流传感器、开关位置信号、储能信号等的行程开关；有些功能还需要配置零序电压传感器、零序电流传感器、控制回路的蓄电池欠压、过充传感器等。

然而，过多的辅助元器件会给设备可靠运行带来隐患，因此，必须关注配电自动化开关的实际应用要求，合理配置各类满足自动化要求的传感器。与开关配套的电流、电压互感器等附属设备，尽量采用内置方式，减少过多的附属设备，将定设备本身产生的故障点。

5. 有配套自动化控制装置的接口

配电自动化开关（柜）设备的一、二次接口是决定配电自动化系统有效运行的一个重要环节。首先，配电开关（柜）设备的开关侧接口需要解决配电自动化开关（柜）是否能将配电自动化所需的信息准确、可靠的引出；其次，接口是连接开关和控制装置的重要桥梁，其可靠衔接决定的系统和设备运行的稳定性，因此，选择军用级航空接插头并做好自动化接口的户外防护安全保证，是配电自动化接口可靠性提升的一个重要手段。在配电自动化开关的选择中，需要特别关注。

6. 传统配电开关即时升级

利用了系统中原有的配电开关设备，经过改造、升级，使其满足当前配电自动化的需要，必须注意以下问题：

（1）现场加装电动机构时，因缺乏有效的机构和开关动作配合调试验证手段易带来隐患；直接采用端子排将开关控制信号、位置信号、采样信号引出，送到终端内，密封性能差，长期安全、可靠、稳定运行性能等缺乏论证。由此可能出现故障与检修率太高，从而进一步影响系统稳定性运行。

（2）对没有考虑自动化设计的开关设备升级，设备因长期运行尤其是由于环境污染造成空气质量水平下降、运行环境改变以及梅雨季节的潮湿环境等，都会加剧其绝缘水平的下降。因此需要预防自动化带来的频繁动作等引发一系列绝缘事故（如外绝缘对地闪络，内绝缘对地闪络，瓷瓶瓷套表面闪络、绝缘杆闪络等绝缘事故）。

（3）开关操动机构寿命问题是在自动化运行中尤其突出的问题。目前，传统的电磁机构、弹簧储能机构的传动部件太多，加上目前国内制造水平有限，造成的机构工艺一致性较差，开关分合几次后，就容易出现卡住或传动不到位等问题。机构质量已成为制约配电自动化开关设备可靠性的关键问题，因此必须采用专业设计的操动机构对产品进行改造、升级。

第3章

配电自动化系统的组成及其功能

3.1 配电自动化系统的组成

配电自动化系统主要由配电主站、配电子站、配电终端和通信通道组成，见图 3.1。其中，配电主站实现数据采集、处理及存储、人机联系和各种应用功能；配电子站是主站与终端之间的中间层设备，根据配电自动化系统分层结构的情况而选用，配电子站一般用于通信汇集，也可根据需要实现区域监控功能；配电终端是安装在一次设备运行现场的自动化装置，根据具体应用对象选择不同的类型；通信通道是连接配电主站、配电子站和配电终端之间实现信息传输的通信网络。

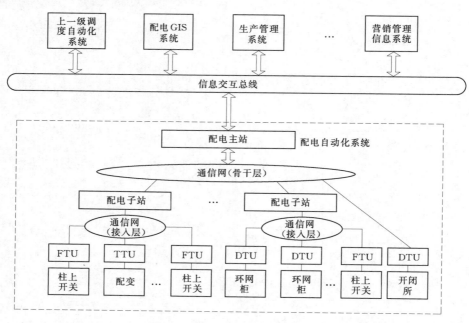

图 3.1 配电自动化系统构成示意图

FTU—馈线终端设备；TTU—配变终端设备；DTU—站所终端设备

配电自动化系统根据配电终端接入规模或通信通道的组织架构，一般可采用两层（即主站—终端）或三层（主站—子站—终端）结构。配电自动化系统的监控对象应依据一次设备及配电自动化的实现方式合理选择，各类信息应根据实时性及网络安全性要求进行分层或分流处理（一般支持 IP 的通信都宜采用两层结构）。配电自动化系统通过信息交互总线与其他相关系统互联进行数据共享和信息整合，可以扩充信息覆盖面，并实现更多应用功能（包括综合性应用或互动化应用）。

配电自动化系统是实现配电网科学调度运行和生产管理的重要工具，也是配电网生产指挥和管理现代化的基本平台，因此，配电自动化系统的设计和建设应面向电力企业所辖的整个配电网，还应支持分布式能源的接入控制、互动化应用等智能电网的扩展需求。

配电自动化系统应根据本企业所辖配电网的网架结构、设备状况和实际应用需求合理构建。其主站的规模和配置应能够满足对全部配电线路和设备的监控和管理，并考虑与其他应用系统的信息交互和实现综合应用的能力；由于配电网的线路和设备数量众多、现场情况差别很大且通信条件难以全部满足，所以配电终端和通信系统方面的投资和工作量都非常大，不可能短期内一步到位，所以配电终端配置和通信通道的建设应循序渐进、分步实施。

在配电终端类型及配置应该按照以下原则进行选用：对网架中的关键性节点，如架空线路联络开关，进出线较多的开关站、配电室和环网柜，采用"三遥"（遥信、遥测、遥控）配置；对网架中的一般性节点，如分支开关、无联络的末端站室，可采用"两遥"（遥信、遥测）或"一遥"（遥信）配置。

3.2　配电自动化主站

3.2.1　系统构成

配电自动化主站主要由计算机硬件、操作系统、支撑平台软件和配电网应用软件组成。其中，支撑平台包括系统数据总线和平台的多项基本服务，配电网应用软件包括配电SCADA 等基本功能以及电网分析应用、智能化应用等扩展功能，支持通过信息交互总线实现与其他相关系统的信息交互，配电自动化主站功能结构见图 3.2。

3.2.2　主要性能指标

配电自动化主站的主要性能指标见表 3.1。

表 3.1　　　　　　　　　　配电自动化主站的主要性能指标

内　　容		指　标
冗余性	热备切换时间	≤20s
	冷备切换时间	≤5min
可用性	主站系统设备年可用率	≥99.9%
计算机资源负载率	CPU 平均负载率（任意 5min 内）	≤40%
	备用空间（根区）	≥20%（或是 10G）
系统节点分布	可接入工作站数	≥40
	可接入分布式数据采集的片区数	≥6 片区
Ⅰ、Ⅲ区数据同步	信息跨越正向物理隔离时的数据传输时延	<3s
	信息跨越反向物理隔离时的数据传输时延	<20s

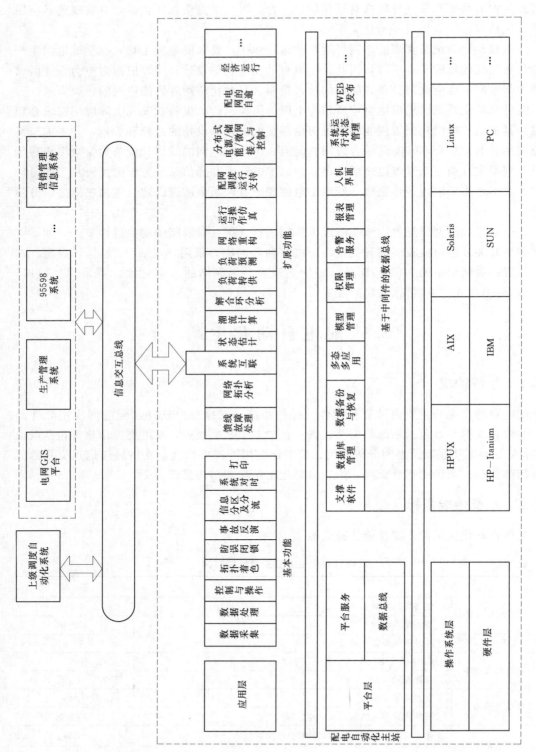

图 3.2 配电自动化主站功能结构图

40

3.2.3 功能要求和配置

主站是配电自动化系统的核心，配电自动化系统的绝大部分功能都是由主站独立完成，或是在主站的统一控制和管理下，与子站/终端配合共同完成，还有一些综合应用功能需要与外部系统进行信息交互来实现。

按照国内新近颁布的相关标准的定义，主站功能分为公共平台服务、配电 SCADA、馈线故障处理、配网分析应用（也称高级应用）和智能化功能等。

（1）公共服务。是指建立在计算机操作系统基础之上的基本平台和服务模块，如数据库管理、模型管理、图形管理、报表管理、打印管理、权限管理、接口管理等。

（2）配电 SCADA。是指配电自动化系统最基本的功能，它主要包括配电网数据采集与处理、运行状况监视、事件告警、事件顺序记录、系统时间同步、远方控制与操作、配电终端在线管理和配电通信网络工况监视以及各类信息打印等。

（3）馈线故障处理。是指与配电终端/子站配合，实现故障的快速定位、自动隔离和非故障区域恢复供电。这也就是基于主站统一处理的集中型馈线自动化。

（4）网络分析应用。是指配电网络拓扑分析、状态估计、潮流计算、合环分析、负荷转供、负荷预测、网络重构等。

（5）智能化功能。是指配电网自愈（快速仿真、预警分析）、计及分布式电源/储能装置的运行控制及应用、经济优化运行以及与其他智能应用系统的互动等。

（6）与其他应用系统互联。是指遵循相关标准，与上一级电网调度自动化系统（一般指地调 EMS）互联、与电力 GIS 平台、生产管理系统、营销管理系统等实现互联，整合信息，扩展综合性应用。

根据功能的需求迫切性和实现的难易程度，上述功能又可以分为基本功能和扩展功能，基本功能表示是配电自动化系统建设时必须实现的，如公共平台、配电 SCADA、拓扑分析、故障定位等功能；扩展功能则表示可以根据需要和条件来选择实现，或者在以后逐步补充和完善，如馈线自动化、配网分析应用和智能化应用等功能。详细功能分类如表 3.2 所示。

表 3.2　　　　　　　　　　　配电自动化主站的功能

	功　能		基本功能	扩展功能
公共平台服务	数据库管理	数据高速缓存	√	—
		数据镜像和压缩	√	—
		并发控制与事务管理	√	—
		历史数据库在线备份	√	—
		数据集中控制	√	—
		查询语言检索数据库	√	—
	数据备份与恢复	全数据备份	√	—
		指定数据备份	√	—
		定时自动备份	√	—
		全数据恢复	√	—
		指定数据恢复	√	—

功　　能			基本功能	扩展功能
公共平台服务	系统建模	图模一体化网络建模	√	—
		外部系统信息导入建模	—	√
	多态多应用服务	多态模型的切换	—	√
		各态模型之间的转换、比较及同步和维护	—	√
		多态模型的分区维护统一管理	—	√
		提供实时态、研究态、未来态等应用场景	—	√
		支持各态下可灵活配置	—	√
		支持多态之间可相互切换	—	√
	权限管理	用户管理	√	—
		角色管理	√	—
		权限分配	√	—
	告警服务	告警定义	√	—
		分类、分级告警	√	—
		语音及画面告警	√	—
		告警信息存储、查询和打印	√	—
	报表管理	支持实时监测数据及其他应用数据	√	—
		报表设置、生成、修改、浏览、打印	√	—
		按班、日、月、季、年生成各种类型报表	√	—
		定时自动生成报表	√	—
		按指定时间段生成报表	√	—
	人机界面	界面操作	√	—
		图形显示	√	—
		交互操作画面	√	—
		数据设置、过滤、闭锁	√	—
		多屏多窗口显示、无级缩放、漫游、分层分级显示等	√	—
		图模库一体化	√	—
		基于图形对象的快速查询和定位	√	—
	系统运行状态管理	网络及通信管理	√	—
		系统节点状态监视	√	—
		软硬件功能管理	√	—
		状态异常报警	√	—
		在线、离线诊断工具	√	—
		系统配置管理	√	—
	系统配置管理	通信配置管理	√	—
		网络配置管理	√	—
		系统参数配置管理	√	—

功　　能			基本功能	扩展功能
公共平台服务	WEB发布	网上发布	√	—
		报表浏览	√	—
	系统互联	信息交互遵循 DL/T 1080 标准	—	√
		支持相关系统间互动化应用	—	√
配电SCADA	数据采集	各类数据的采集和交互	√	—
		大数据量采集	√	—
		支持多种通信规约	√	—
		支持多种通信方式	√	—
		错误检测	√	—
		通信通道和终端运行工况监视、统计、报警和管理	√	—
		支持加密认证		√
	数据处理	模拟量处理	√	—
		状态量处理	√	—
		非实测数据处理	√	—
		多数据源处理	√	—
		数据质量码计算	√	—
		统计计算	√	—
	数据记录	事件顺序记录（SOE）	√	—
		条件触发数据记录	√	—
	操作与控制	人工设置	√	—
		标识牌操作	√	—
		闭锁和解锁操作	√	—
		远方控制与调节	√	—
		防误闭锁	√	—
	网络拓扑着色	电网运行状态着色	√	—
		供电范围及供电路径着色	√	—
		动态电源着色	√	—
		负荷转供着色	√	—
		故障指示着色	√	—
	事故/历史断面回放	事故/历史断面回放的启动和处理	√	—
		事故/历史断面回放	√	—
	信息分流及分区	责任区设置和管理	√	—
		信息分流及分区	√	—
	授时和时间同步	北斗或 GPS 时钟授时	√	—
		终端/子站时间同步	√	—
	打印	各种信息打印功能	√	—

	功 能		基本功能	扩展功能
馈线故障处理	馈线故障处理功能	故障定位	√	—
		故障隔离及非故障区域的恢复	—	√
		故障处理安全约束	—	√
		故障处理控制方式	—	√
		主站集中式与就地分布式故障处理的配合	—	√
		故障处理信息查询	—	√
配网分析应用	网络拓扑分析	适用于任何形式的配电网络接线方式	—	√
		电气岛分析	—	√
		支持人工设置的运行状态	—	√
		支持设备挂牌、投退役、临时跳接等操作对网络拓扑的影响	—	√
		支持实时态、研究态、未来态网络模型的拓扑分析	—	√
		计算网络模型的生成	—	√
	状态估计	计算各类量测的估计值	—	√
		配电网不良量测数据的辨识	—	√
		人工调整量测的权重系数	—	√
		多启动方式	—	√
		状态估计分析结果快速获取	—	√
	潮流计算	实时态、研究态和未来态电网模型潮流计算	—	√
		多种负荷计算模型的潮流计算	—	√
		精确潮流计算和潮流估算	—	√
		计算结果提示告警	—	√
		计算结果比对	—	√
	合环分析	实时态、研究态、未来态电网模型合环分析	—	√
		合环路径自动搜索	—	√
		合环稳态电流值、环路等值阻抗、合环电流时域特性、合环最大冲击电流值计算	—	√
		合环操作影响分析	—	√
		合环前后潮流比较	—	√
	负荷转供	负荷信息统计	—	√
		转供策略分析	—	√
		转供策略模拟	—	√
		转供策略执行	—	√

功　　能			基本功能	扩展功能
配网分析应用	负荷预测	最优预测策略分析	—	√
		支持自动启动和人工启动负荷预测	—	√
		多日期类型负荷预测	—	√
		分时气象负荷预测	—	√
		多预测模式对比分析	—	√
		计划检修、负荷转供、限电等特殊情况分析	—	√
	网络重构	提高供电能力	—	√
		降低网损	—	√
		动态调控	—	√
智能化功能	配网运行与操作仿真	故障仿真与预演	—	√
		操作仿真	—	√
	配网调度运行支持应用	调度操作票	—	√
		保电管理	—	√
		多电源客户管理	—	√
		停电分析	—	√
	分布电源、储能接入	分布式电源/储能设备接入、运行、退出的监视、控制等互动管理功能	—	√
		分布式电源/储能装置接入系统情况下的配网安全保护、独立运行、多电源运行机制分析等功能	—	√
	配电网自愈	智能预警	—	√
		校正控制	—	√
		相关信息融合分析	—	√
		配电网大面积停电情况下的多级电压协调、快速恢复功能	—	√
		大批量负荷紧急转移的多区域配合操作控制	—	√
	经济运行	分布式电源接入条件下的经济运行分析	—	√
		负荷不确定性条件下对配电网电压无功协调优化控制	—	√
		在实时量测信息不完备条件下的配电网电压无功协调优化控制	—	√
		配电设备利用率综合分析与评价	—	√
		配电网广域备用运行控制方法	—	√

3.2.4　主要功能

1. 配电 SCADA

配电 SCADA 也称 DSCADA，它是由若干最基本的实时监控功能组成，通过人机交互，实现配电网的运行监视和远方控制，为配电网调度和生产指挥提供服务，是配电自动化主站系统必须首先实现的应用功能。

（1）数据采集。数据采集应具备对电力一次设备（线路、变压器、母线、开关等）的有功、无功、电流、电压值以及主变档位（有载调压分节头档位）等模拟量和开关位置、隔离刀闸、接地刀闸位置、保护动作状态以及远方控制投退信号等其他各种开关量和多状态数字量等实时数据的采集，满足配电网实时监测的需要。

（2）数据处理。数据处理应具备模拟量处理、状态量处理、非实测数据处理、点多源处理、数据质量码、平衡率计算、计算及统计等功能。

（3）数据记录。数据记录应具备对上一级电网调度自动化系统（一般指地调 EMS）或配电终端发出的事件顺序记录（SOE）、主站系统内所有实测数据和非实测数据进行周期采样以及自定义的数据点变化存储等提供数据记录功能。

（4）操作与控制。操作和控制应能对变电站内或线路上的自动化装置和电气设备实现人工置数、标识牌操作、闭锁和解锁操作、远方控制与调节功能，并且具有相应的操作权限控制功能。

（5）网络拓扑着色。网络拓扑着色对于配电网调度应用是一个实用性很强的功能。它可根据配网开关的实时状态，确定系统中各种电气设备的带电状态，分析供电源点和各点供电路径，并将结果在人机界面上用不同的颜色表示出来。其主要包括电网运行状态着色、供电范围及供电路径着色、动态电源着色、负荷转供着色、故障指示着色等。

（6）馈线故障处理。当配电线路发生故障时，该功能根据配电终端的故障信息进行自动快速故障定位，并与配电终端配合进行故障隔离和非故障区域的恢复供电。该功能还支持各种拓扑结构的故障分析，并保证在电网的运行方式发生改变时对馈线自动化的处理不造成影响。故障处理控制方式如下：

1）对于不具备遥控条件的设备，系统通过分析采集遥测、遥信数据，判定故障区段，并给出故障隔离和非故障区域的恢复方案，通过人工介入的方式进行故障处理，达到提高处理故障速度的目的。

2）对于具备遥测、遥信、遥控条件的设备，系统在判定出故障区间后，调度员可以选择远方遥控设备的方式进行故障隔离和非故障区域的恢复，或采用系统自动闭环处理的方式进行控制处理。

2. 配电网分析应用

配电网的分析应用也称为高级应用，是配电自动化主站系统的扩展功能。它必须建立在配电 SCADA 等基本功能的基础上，并且对实时数据的完整性和准确性有较高的要求。配电网分析应用主要包括以下功能：

（1）拓扑分析。可以根据电网连接关系和设备的运行状态进行动态分析，分析结果可以应用于配电监控、安全约束等，也可针对复杂的配电网络模型形成状态估计、潮流计算使用的计算模型。

（2）状态估计。利用实时量测的冗余性，应用估计算法来检测与剔除坏数据，提高数据精度，保持数据的一致性，实现配电网不良量测数据的辨识，并通过负荷估计及其他相容性分析方法进行一定的数据修复和补充。

（3）潮流计算。计算根据配电网络指定运行状态下的拓扑结构、变电站母线电压（即馈线出口电压）、负荷类设备的运行功率等数据，计算节点电压、支路电流及功率分布，计算的结果可为其他应用功能做进一步分析做支撑。

（4）解/合环分析。能够对指定运行方式下的相关配电线路解/合环操作进行计算分析，根据计算分析的结果，能够实现解合环路径自动搜索，并对该解/合环操作进行风险评估。

（5）负荷预测。针对6～20kV母线、区域配电网进行负荷预测，在对系统历史负荷数据、气象因素、节假日，以及特殊事件等信息分析的基础上，挖掘配网负荷变化规律，建立预测模型，选择适合策略预测未来系统负荷变化。

（6）负荷转供。负荷转供根据目标设备分析其影响负荷，并将受影响负荷安全转至新电源点，提出包括转供路径、转供容量在内的负荷转供操作方案。

（7）网络重构。配电网网络重构的目标是在满足安全约束的前提下，通过开关操作等方法改变配电线路的运行方式，消除支路过载和电压越限，平衡馈线负荷，使网损最小。结合配电网潮流计算分析结果对配电网络进行重构，实现网络优化，提高供电能力。

3. 智能化应用

随着智能电网建设的开展，智能化应用也是配电自动化系统扩展功能的重要内容。

（1）分布式电源接入与控制。满足分布式电源/储能/微网接入带来的多电源、双向潮流分布情况下对配电网的运行监视和对多电源的接入、退出等控制和管理功能；实现分布式电源/储能/微网接入系统的配电网安全保护、独立运行以及多电源运行机制分析等功能。

（2）预警分析。支持配电网在紧急状态、恢复状态、异常状态、警戒状态和安全状态下的判断、转化及分析评价机制；提供校正控制策略（包括预防控制、校正控制、恢复控制、紧急控制等），各级控制策略保持一定的安全裕度，满足 $N-1$ 准则。为配电网自愈控制实现提供理论基础和分析模型依据。

（3）配电网自愈。在馈线自动化的基础上，结合配电网状态估计和潮流计算以及预警分析的结果，自动诊断配电网当前所处的运行状态并进行控制策略决策，运用馈线自动化手段，实现对配电网一、二次设备的自动控制，消除配电网运行隐患，缩短故障处理周期，提高运行安全裕度，促使配电网转向更好的运行状态。

（4）经济运行。配电网经济优化运行的目标是在支持分布式电源/储能/微网分散接入条件下，分析智能调度方法，给出分布式电压无功资源协调控制方法，提高配电网经济运行水平。

（5）互动化应用。详见3.4.4章节。

3.3 配电自动化终端

配电自动化终端（Remote Terminal Unit of Distribution Automation），简称配电终端，处于配电自动化（Distribution Automation，DA）系统的基础层，负责采集处理反映

配电网与配电设备运行工况的实时数据与故障信息并上传配网主站；接收主站命令，对配电设备进行控制与调节，是配电自动化系统的重要组成部分。相对于调度自动化系统（EMS）的终端，配电自动化终端在功能要求、应用场合以及运行环境等方面具有独有的特点，其性能与运行可靠性直接影响到配电自动化系统的性能与可靠性。根据监控对象的不同，配电终端分为馈线终端（Feeder Terminal Unit，FTU）、站所终端（Distribution Substation Terminal Unit，DTU）、配变终端（Transformer Terminal Unit，TTU）等三大类。

馈线终端（FTU），用于中压馈线开关设备的测控，包括柱上分段开关、分支线开关、环网柜等配电终端；站所终端（DTU），用于中压馈线中站所设备的测控，包括开闭所（开关站）、配电所、箱变等配电终端；配变终端（TTU），用于配电变压器的监测。在实际工程中，也有人将环网柜配电终端称为DTU，而将FTU仅指用于柱上开关测控的配电终端。由于环网柜与柱上开关同属于线路上的开关设备，且都需要自身配备不间断供电电源，因此本书将环网柜配电终端称为FTU。

在实际工程中，根据一次开关设备是否具备电动操作机构、是否配置电压/电流互感器或传感器等不同的情况，馈线终端与站所终端又可以分为一遥、二遥以及三遥终端等3种类型。需要指出的是，对于一遥和二遥的说法，应明确其需要实现的具体功能，即实现遥测、遥信、遥控功能中的哪一种或两种功能。在我国实际的配电自动化工程中，一遥终端通常指具有线路故障检测及上报（遥信）功能架空线路的智能故障指示器；二遥终端通常指能够实现故障遥信、开关位置遥信以及测量并上传运行电流的电缆线路的智能故障指示器，即具备遥测、遥信功能。

3.3.1 技术要求

在进行配电自动化的终端设计时，除满足DSCADA测控、短路故障检测等基本的配电自动化功能外，应根据配电自动化工程的实际运行情况，满足以下8个方面的技术要求。

1. 满足智能化应用要求

智能配电网的发展，给配电终端的功能提出了更高地要求，而传统的配电终端面向具体应用功能开发，一般只具备运行监测、远程通信、遥控以及一些简单的就地控制功能等，难以扩展新的高级智能化应用功能。

智能化配电终端采用开放式平台设计思想，除实现传统的配电自动化终端功能外，可为智能配电网各种保护控制功能（应用程序）提供统一的支撑平台。硬件设计模块化，易于扩展；采用高性能数字信号处理器（DSP）、RISC微处理器（MCU）、大规模现场可编程逻辑阵列（FPGA）等高性能器件，具有强大的数据处理能力与丰富的内存资源。软件设计基于实时多任务操作系统，采用层次化结构，将数据与应用分类，能够提供类似电脑的软件开发与应用环境；应用程序通过程序访问接口（API）访问底层资源和数据，可方便地加载、卸载应用程序，实现即插即用。图3.3和图3.4分别给出了一种典型智能配电终端的硬件和软件结构框图。

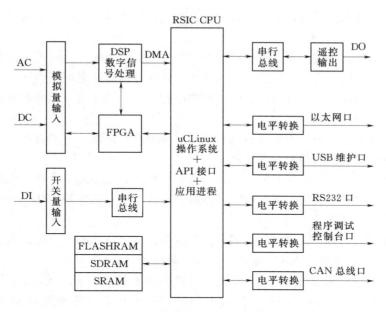

图 3.3　典型智能配电终端硬件结构框图

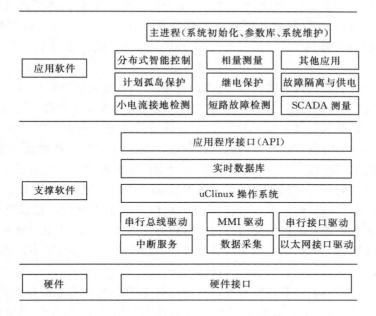

图 3.4　典型智能配电终端软件结构框图

2. 解决后备电源问题

配电终端在用于环网柜、架空柱上开关等不具备不间断电源的场合时，需要配置后备电源，以保证在线路停电时对配电终端、通信终端以及开关分合闸操作进行不间断供电。目前，常用的后备电源多采用免维护铅酸蓄电池，由于配电终端运行环境恶劣以及对蓄电池维护困难等原因，导致蓄电池使用寿命较短（一般在3年左右）。

为最大限度地充分利用蓄电池的容量、延长其使用寿命，配电终端需要对蓄电池进行合理的管理。

（1）充电功能。研究发现，电池的充电过程对其寿命影响较大，正确的充电方式可以有效地延长电池的使用寿命。目前，应用比较广泛的充电方法是恒流恒压充电法。

（2）输出短路保护。在输出回路发生短路故障时，为防止电源模块及电池因电流过大而烧毁，必须立即切断电源输出。

（3）深度过放电保护。电池在深度过放电后导致容量降低，需要设置低电压保护。在出现深度过放电时，及时切断输出回路。

（4）活化功能。随着使用时间和充放电次数的增加，电池容量下降。电池活化可以激活电池极板失效的活性物质，提升电池的容量。可以采用自动定期活化、当地手动控制活化、远方遥控活化等方式。

（5）告警功能。为方便在当地或者远方监视电池的工作状态，一般设计有外部电源丢失、电池欠压/过压、电池活化、电池过热等告警功能。

此外，环境温度对蓄电池的影响很大。铅酸蓄电池适宜的工作温度是 $15\sim25℃$，温度过高时，导致浮充电流增加，使蓄电池处于过充状态，造成蓄电池寿命缩短。试验表明，在环境温度为 $25℃$ 时，温度每升高 $6\sim10℃$，其寿命将缩短一半。因此，在设计配电终端箱体结构时，应将蓄电池置于通风条件好的位置，必要时安装散热风扇。另外，环境温度降低会使电池电解液流动性降低，化合反映变缓，从而导致输出容量降低，大约是温度每降低 $1℃$，容量将下降 1%；如果环境温度过低，需要考虑配置加热装置。

综上所述，蓄电池比较"娇气"，对充放电方式、环境温度要求高，使用寿命短，是设计配电终端过程中必须重点考虑的问题之一。锂电池寿命比铅酸蓄电池长，但由于其成本较高，且大容量锂电池技术成熟度与安全性还有待考证，目前，在实际工程中应用较少。近年来，超级电容器技术发展迅速，已在电动车、太阳能发电储能等领域大量使用，在电力设备后备电源中也有不少应用，为配电终端后备电源的选择增加了新的思路。

相对于蓄电池的娇气，超级电容器就显得比较"泼辣"，其输出容量受充放电方式的影响较小。超级电容器标称使命寿命较长，可达 10 年。一般来说，超级电容器温度特性类似普通的电解电容器，二者的使用寿命基本相当。但是，目前使用超级电容器作为配电终端的后备电源也有一些不足，例如，其使用寿命也受环境高温的影响，充电电源需要专门设计，成本较高等。

尽管如此，从目前的储能技术来看，应用超级电容是配电终端后备电源的发展方向。据报道，德国柏林 Vattenfall 供电公司配电自动化工程的 2000 多套终端采用超级电容储能，如图 3.5 所示，已稳定运行 3 年多，为超级电容在配电终端中的应用，提供了一个成功的案例。

3．满足户外工作环境要求

配电终端大多户外运行，工作环境比较恶劣，并且我国幅员辽阔，南北运行环境差异非常大。设计时需要充分考虑雨水、温度、湿度、腐蚀、污染、振动以及通风散热等因素，在元器件选择、制作工艺、箱体设计等方面都要适应户外环境的运行条件。

图 3.5　柏林 Vattenfall 供电公司配电自动化系统配电终端

通常，要求配电终端适应环境温度范围在－40～＋70℃之间，最大温度变化率 1℃/min；适应 96％的环境相对湿度，最大绝对湿度 35g/m³；能承受频率为 2～9Hz，振幅为 0.3mm 以及频率为 9～500Hz，加速度为 1m/s² 的振动；结构设计应紧凑、小巧、通风散热，防护等级不低于标准 GB/T 4208—2008《防水试验箱标准》规定的 IP54 的要求。

4. 满足抗干扰要求

配电终端通常靠近高压一次设备安装，易受高电压、大电流干扰的影响。户外配电设备的防雷设施、接地条件都不是很完善，为保证终端工作的可靠性，在设计中必须考虑电磁兼容性（Electro Magnetic Compatibility，EMC）。

EMC 设计主要考虑电压突降和电压中断适应能力、高频干扰适应能力、抗快速瞬变脉冲群干扰能力、抗浪涌干扰能力、抗静电放电能力、抗工频磁场和阻尼振荡磁场干扰能力、抗脉冲磁场干扰能力、抗辐射电磁场干扰能力等方面。一般来说，配电终端电磁兼容能力要达到标准 GB/T 13729—2002《远动终端设备》规定的 Ⅳ 级要求。

5. 满足输入、输出回路安全防护要求

配电终端的二次回路要保证安全、可靠。输入、输出回路绝缘性能需要符合 GB/T 13729—2002 的规定，在设计时需要考虑以下输入、输出回路的安全防护措施：

（1）电压输入回路接入电压互感器/传感器的二次侧，需要具备防短路措施。如采用带熔断器保护的电压端子或采用小型快速空气开关。

（2）电流输入回路接入电流互感器/传感器的二次侧，需要具备防开路措施。一般采用带测试功能的电流端子，维护时通过短接片将电流回路短接。

（3）遥信输入回路一般采用光电隔离，并具有软、硬件滤波措施。

（4）控制操作回路需要提供明显断开点，防止误操作，通常在操作面上设计分合闸压板。

另外，各回路端子排应采用阻燃端子，连接导线宜采用耐热、耐潮和阻燃且具有足够强度的绝缘铜线，并采用不同颜色予以区分。一般要求电流回路导线截面不小于 4mm²，电压和控制回路导线截面不小于 2.5mm²，遥信回路导线截面不小于 1.5mm²，并保证连接牢固可靠。

6. 满足通信功能

配电终端与主站（配电子站）进行通信，上报配电网实时信息，同时接收主站（配电子站）下达的控制命令，对开关进行分合闸操作。具有分布式智能控制功能的配电终端之间能够对等通信，交互故障与控制信息。采用分散安装方式的站所终端，主单元需要与从单元通信，以转发其数据。在用于转发其他智能设备的数据时，配电终端与其他智能设备之间需也要通信。在进行现场调试、维护时，需要与维护终端（便携式电脑）进行通信。

为满足以上的通信要求，配电终端需要设计串行通信（RS-232）接口和网络通信（Ethernet）接口用于远程通信，现场总线（Lonworks 或 CAN）接口用于当地通信，串行通信（RS-232）接口或 USB 接口用于当地调试与维护。

目前，常用的串行通信规约有 DL/T 634.5—101（IEC 60870—5—101）、DNP3.0 等；网络通信规约一般采用 DL/T 634.5—104（IEC 60870—5—104）。

由于配电自动化系统需要接入大量的来自不同生产厂家的配电终端设备。采用传统串行、网络通信规约难以做到互联互通、即插即用，接入和维护的工作量都十分大，其发展方向是应用 DL/T 860（IEC 61850）传输协议。

7. 与一次设备接口良好配合

配电终端采集一次设备的数据并对其进行控制，其输入、输出接口电路的设计应灵活、方便，以满足与不同类型一次设备配合的要求。

交流模拟量输入电路接入电压/电流互感器或传感器的二次输出信号。架空线路柱上开关一般内置三相电流互感器/传感器，开关两侧分别配置 AB 相、BC 相电压互感器，组成角形接线。有些开关还内置了零序电流互感器和零序电压传感器。电缆线路的环网柜、开闭所、配电室、箱变等配电设备，一般在母线或进线配置相间电压互感器。在中性点有效接地系统中，一般配置三相电流互感器；在中性点非有效接地系统中，一般配置 A、C 相电流互感器和零序电流互感器。电压/电流传感器的测量误差一般较大，如电容取流型电压传感器的二次电压输出相角超前线路电压接近 90°，配电终端要具有测量误差校正补偿功能。

遥信接口电路要求能够处理开关状态单位置与双位置信号输入。开关操作机构电源有交流和直流两种类型，交流操作电源由电压互感器或配变提供；直流操作电源额定电压有 24V、48V、110V、220V 等多种标准，其中 24V、48V、110V 标准的操作电源由配电终端提供的后备电源提供，220V 标准的操作电源一般由站所专用直流电源屏提供。

8. 易于安装和维护

配电自动化终端数量众多，安装地点分散，且多户外运行，安装调试与管理维护工作量大，因此，要求配电终端机箱体积小、紧凑，安装方便；内部结构设计合理，电路组件模块化、标准化，拆卸更换方便，对于插箱式结构的测控单元，能够支持三遥功能插板热插拔、监控容量扩充；装置运行指示明显、齐全，便于了解装置运行状态。

此外，配电终端要具有完备的自诊断、自恢复能力；当装置因失去电源停止工作时，在供电恢复正常后能够自动重启；提供当地维护与软件调试接口，并支持运行参数、定值的远方整定以及应用程序的远程下载。

3.3.2 基本构成

配电自动化终端种类较多，根据监控对象、安装方式、功能需求的变换，其实际采用的结构也不同。然而，配电自动化终端的基本构成一般包括测控单元、操作控制回路、人机接口、通信终端、电源等，具体见图3.6所示。

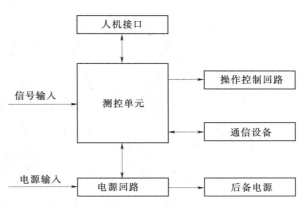

图3.6　配电自动化终端的基本构成

1. 测控单元

测控单元是配电终端的核心组成部分，主要完成信号的采集与计算、故障检测与故障信号记录、控制量输出、通信、当地控制与分布式智能控制等功能。

为满足不同的应用需求，测控单元应能够灵活配置输入输出（I/O）与完成的功能。现代配电终端测控单元的设计一般采用高性能数字信号处理器（DSP）、大规模可编程逻辑阵列（FPGA）、实时多任务操作系统等嵌入式技术，采用平台化、模块化设计方案，可以方便地根据具体的应用需求配置I/O并通过专用工具软件设置所完成的功能。

图3.7给出了两种典型的测控单元。图3.7（a）是平铺式结构的测控单元，主要用于柱上开关或需要分散安装结构的环网柜、开闭所（开关站）、配电室、箱变等场合。其I/O容量一般最多满足测控两条线路的要求。图3.7（b）是插箱式结构的测控单元，一般由电源插板、CPU插板、模拟量插板、开关量插板、控制量插板、通信插板以及标准19″、4U或6U插箱组成；其模拟量插板、开关量插板、控制量插板数量可以根据实际需要进行配置，以满足不同规模的环网柜、开闭所（开关站）、配电室、箱变等配电设备的测控需要。

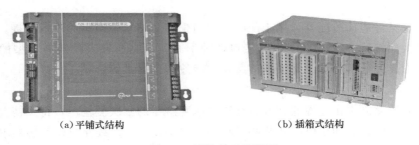

（a）平铺式结构　　　　　　　　　　　　（b）插箱式结构

图3.7　测控单元外形图

2. 操作控制回路

操作控制回路包括开关操作方式转换和开关就地操作两部分，如图3.8所示。

开关操作方式转换部分由转换开关和相应的指示灯组成，用以选择就地、远方以及闭锁3种开关操作方式。当选择就地操作方式时，可通过面板上的分合闸按钮进行开关分合闸操作；当选择远方操作方式时，可通过远方遥控方式进行开关分合闸操作；当选择闭锁操作方式时，当地、远方均不能操作。

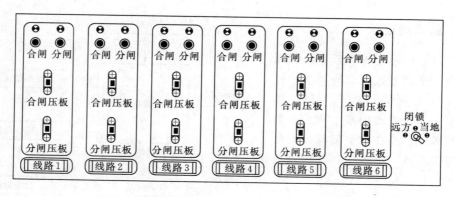

图 3.8　操作控制回路面板示意图

开关就地操作部分包括分合闸压板、分合闸按钮及其状态指示灯，对应每一线路开关单独设置。分合闸按钮仅在开关就地操作方式下操作，在远方操作方式和闭锁状态下均处于无效状态；状态指示灯用以指示开关分合闸状态。分合闸压板为操作开关提供明显断开点，在检修、调试时打开以防止信号进入分合闸回路，避免误操作。

3. 人机接口 ❶

人机接口（仅指测控单元）包括液晶面板、操作键盘以及装置运行指示灯。液晶面板与操作键盘用于对配电终端进行当地配置与维护，包括电压/电流互感器接线方式、遥测/遥信/遥控配置参数、故障检测定值、装置编号（站址）、通信波特率等，显示电压、电流、功率等测量数据；装置运行指示灯用于指示测控单元、后备电源、通信的运行状态以及开关位置状态、线路运行状态，便于操作、维护。

由于液晶面板受环境温度的影响较大，为简化装置构成、提高可靠性，大多数配电终端不配备液晶显示面板和键盘。通常的做法是，使用便携式电脑，通过维护通信口对其进行配置与维护，或通过主站远程配置与维护。

4. 通信终端

通信终端又称通信适配器，用于配电终端与配网主站（子站）的通信连接。常用的通信接口有以太网接口和 RS-232 串行接口两种形式。根据所接入的通道类型的不同，通信终端可分为光纤通信终端、无线通信终端、载波通信终端等。

5. 电源

配电终端的交流工作电源通常取自线路电压互感器的二次侧输出，特殊情况下，使用附近的低压交流电，比如市电。在某些工程中，也有设计使用线路电流互感器取电，由于线路负荷电流变化范围较大，在线路处于空载或轻载状态时，取电电流互感器难以提供足够的能量输出，实际使用效果欠佳。

配电终端电源回路一般由防雷回路、双路电源切换、整流回路、电源输出、充放电回路、后备电源等构成，见图 3.9。

（1）防雷回路。为防止雷电和内部过电压的影响，配电终端电源回路必须具备完善的

---

❶　操作控制回路也是人机接口的一种形式，在此仅指测控单元的人机接口。

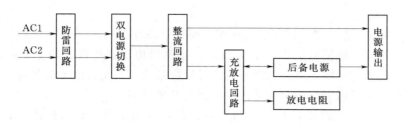

图 3.9 电源回路构成示意图

防雷措施，通常在交流进线安装电源滤波器和防雷模块。

（2）双电源切换。为提高配电终端电源的可靠性，在能够提供双路交流电源的场合（如在柱上开关安装两侧电压互感器、环网柜两条进线均配置电压互感器、站所两段母线配置电压互感器等情况下），需要对双路交流电源自动切换。正常工作时，一路电源作为主供电源供电，另一路作为备用电源；当主供电源失电时，自动切换到备用电源供电。

（3）整流回路。把交流输入转换成直流输出，给输出回路、充电回路供电。

（4）电源输出。将来自整流回路或蓄电池的直流输入转换成不同的电压（12V、24V、48V 等）给测控单元、通信终端以及开关操作机构供电，具有外部输出短路保护功能。

（5）充放电回路。用于蓄电池的充放电管理。充电回路接收整流回路输出，产生蓄电池充电电流，在蓄电池容量缺额比较大时，首先采用恒流充电，在电池电压达到额定电压后采用恒压充电方式，当充电完成后，转为浮充电方式；放电回路接有放电电阻，定期（一般 1 次/年）对蓄电池活化，恢复其容量。

（6）后备电源。在失去交流电源时提供直流电源输出，以保证配电终端、通信终端以及开关分合闸操作进行不间断供电。目前通常采用蓄电池，一般要求能够维持配电终端和通信终端工作运行 8h 以上，并能满足开关分合闸操作不少于 3 次。如采用超级电容器作为后备电源，考虑其价格成本和体积等因素，其容量选择能够维持配电终端和通信终端工作运行 30min 以上并能满足开关分合闸操作不低于 3 次为宜。

对于具备不间断电源（UPS）或专用直流电源屏的站所，站所终端不需要提供后备电源。配变终端一般不配置大容量后备电源，通常要在电源回路里设计一数值较大的储能电容，在线路停电时，维持 TTU 运行几秒的时间，保存记录数据，并向主站报告停电事件。

3.3.3 主要功能

根据监控对象的不同，配电自动化终端分为馈线终端、站所终端、配变终端等三大类。它们的应用场合不一样，对其功能的要求也有所不同。此外，同一类型配电终端的功能也会随着配电自动化系统规划与设计方案的不同而变化。

3.3.3.1 基本功能

基本功能指各类配电终端都具有的功能。

1. SCADA 测控功能

SCADA 测控功能，即通常所说的遥测、遥信、遥控功能。

（1）遥测功能。指模拟量的采集与处理。除测量电压、电流、功率、功率因数、电度、频率外，还包括零序、负序电压与电流等反应系统不平衡程度的电气量。此外，还要能接入直流输入量，用于监视后备电源的电压与环境温湿度。

（2）遥信功能。指数字量的采集与处理。包括开关工位、开关储能、气压（SF_6 开关）以及装置自身状态、通信状态等信号。对于配置保护功能的馈线终端，还包括保护动作信号。

（3）遥控功能。指接收远方命令并执行操作。包括开关分合闸操作以及蓄电池活化、变压器调压、无功补偿电容投切等开关量控制信号输出。开关的分合闸操作采用预先选择遥控输出（Select Before Operation，SBO）方式。

2. 自诊断、自恢复功能

具备自诊断功能，支持功能模块的自检、互检与自恢复；系统设计有软、硬件看门狗（Watchdog），在系统运行出现异常时能自动复位；在掉电重启后以及通信中断恢复后能够自动恢复运行；能够向主站上报装置内部故障与恢复信息。

3. 运行维护功能

（1）远方维护功能。指通过通信网络下载配置方式字与定值。

（2）就地维护功能。指通过维护软件或人机接口，能够进行运行参数、定值的修改、整定。使用便携式电脑运行维护软件，通过维护通信口，在不影响装置与主站通信的情况下，就地在线调试、维护。

此外，通过维护通信口，还可以下载应用程序模块，增加新的功能。

4. 存储功能

配电终端具有历史数据存储功能，能够存储不低于 256 条事件顺序记录、30 条远方和本地操作记录、10 条装置异常记录等信息。

5. 工作电源监视功能

失去外部工作电源时，配电终端应具有远方告警及当地告警指示功能。

6. 不间断供电

具备后备电源或相应接口，当主电源故障时，能够自动无缝投入，以保证装置本身、通信终端的不间断供电。

在后备电源为蓄电池时，应具备完善的蓄电池管理功能。包括充电管理、输出短路保护、深度过放电保护、电池活化等功能以及电池欠压、活化、过压、过热等告警功能。

7. 通信功能

通信功能包括远程通信、当地通信以及维护通信 3 种方式。

（1）远程通信指配电终端与上级主站之间的通信。通信接口采用串行通信（RS-232）接口或网络通信（Ethernet）接口，支持多种通信规约。常用的串行通信规约有 DL/T 634.5—101（IEC 60870—5—101）、DNP3.0 等；网络通信规约采用 DL/T 634.5—104（IEC 60870—5—104）。

（2）当地通信包括数据转发通信和级联通信两个方面。

1）数据转发通信用于配电终端转发附近其他智能装置（如站所内微机保护、直流电源等）的数据，通信接口采用串行通信（RS-485）接口。

2）级联通信采用现场总线（Lonworks 或 CANBUS）方式。一方面用于扩展配电终端的监控容量，在单台配电终端的监控容量不足时，级联同类型的配电终端，从而扩展监控容量；另一方面用于分散安装方式的站所终端之间级联组网通信，其中一台作为主单元与上级主站通信，其他作为从单元与主单元通信，如图 3.10 所示。

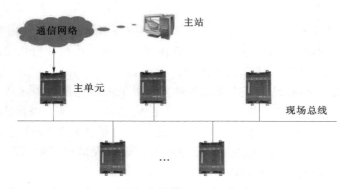

图 3.10　多台监控单元级联通信示意图

（3）维护通信指使用便携式电脑通过维护通信口对配电终端进行当地调试与维护，通信接口采用 USB 接口或串行通信（RS-232）接口。

8．通道监视功能

能够监视通道接收及发送数据，具备误码检测功能，可方便进行数据分析及通道故障排除。

3.3.3.2　馈线终端功能

馈线终端可对架空柱上分段开关、联络开关以及分支线开关等中压馈线开关设备进行测控。柱上开关 FTU 通常只测控一条线路，特殊情况下需要测控同杆架设的两条线路。

1．必备功能

除满足前述配电终端的基本功能外，FTU 还必须具备以下功能要求：

（1）短路故障检测功能。短路故障包括相间短路与有效接地系统（小电阻接地系统）中的单相接地短路。单纯从线路故障区段定位的角度讲，主站（子站）只需知道 FTU 所监控的开关有无短路故障电流流过即可，因此，只需要 FTU 上报一个故障遥信即可。为了便于进行故障分析，还要求 FTU 能够记录并上报故障发生时刻、故障历时等故障信息。

（2）当地/远方/闭锁控制功能。当地/远方/闭锁控制功能由开关操作方式转换开关以及内部逻辑电路组成。在当地操作状态下，可通过装置操作面板上的分合闸按钮进行开关操作；在远方操作状态下，可通过远方遥控方式进行开关分合闸操作；在闭锁状态下，当地、远方均不能操作。

（3）双位置遥信处理功能。开关状态信号取自开关的辅助接点。当开关操作一定的次数后，辅助接点的机械传动部分可能会出现间隙；开关动作时的振动可能造成辅助接点接触不良或不对位；辅助接点表面的氧化会造成接触不良，存在时通时断的可能。以上原因均会导致遥信的误动、拒动或抖动。为解决开关状态遥信的误动和抖动问题，最大限度地保证开关状态信号的可靠性，需要 FTU 具备双位置遥信的处理能力。即需要接入两对开关辅助接点（两对常开或常闭、或一对常开和一对常闭接点）并进行逻辑处理。

2. 选配功能

选配功能指根据工程特殊设计以及未来智能配电网发展的需要，要求 FTU 能够实现的其他功能。

（1）单相接地故障检测功能。在中性点非有效接地系统中，FTU 需要检测单相接地故障。由于单相接地故障电流微弱，检测比较困难。目前，可用的单相接地故障检测方法有零序电流法、注入信号法、暂态法等 3 种。

1）零序电流法是比较沿线 FTU 检测到的零序电流幅值判断故障区段，简单易行。在谐振接地系统中，需要在中性点投入中电阻产生足够大的零序电流，以保证检测灵敏度。

2）注入信号法是在变电站安装信号注入设备，向系统施加一特定频率的信号，在 FTU 中安装专用的注入信号检测探头，根据信号寻迹原理即可确定故障区段。其检测可靠性受过渡电阻、间歇性电弧的影响。

3）暂态法包括暂态电流方向法和暂态电流相似性两种方法：①暂态电流方向法首先需要 FTU 获取零序电压和零序电流信号计算出故障方向，然后通过比较 FTU 检测的故障方向确定故障区段；②暂态电流相似性方法通过判断相邻 FTU 检测到的暂态零模电流相关性确定故障区段，在故障点两侧，暂态电流波形差异较大，而健全区段两侧暂态电流波形是相似的，由于该方法仅需要获取零序电流信号，易于实施。暂态法不受中性点运行方式、间歇性电弧的影响，检测可靠性高，不需要在变电站额外安装附加设备，安全可靠、投资小。

（2）保护功能。当 FTU 用于变电站出线断路器的监控，以及用于馈线分段开关、分支线路开关并且所配开关能够遮断故障电流的情况下，需要具备保护功能，在发生故障时能够快速判别并切除故障。通常配备Ⅲ段电流保护、零序电流保护、反时限电流保护、失压保护、自动重合闸等。

（3）就地控制功能。实际工程应用中，要求 FTU 能够不依赖于主站的指令完成一些就地控制功能。可根据工程设计需要配备就地控制型馈线自动化功能。

（4）分布式智能控制。智能配电网中故障自愈、电压无功控制、广域保护等功能的完成需要两个以上监控站点的数据，称为广域控制功能。由控制中心的配电自动化系统主站完成所有广域控制功能，处理速度难以满足实时性要求，而配电终端之间通过对等通信网络交互数据，对收集到的数据进行处理，进行控制决策，则可以显著地提高响应速度。这种不依赖配电自动化主站的协同控制方式，称为分布式智能控制功能，要求配电终端支持对等通信，并且具有足够的数据处理能力，满足控制的实时性要求。例如 FTU 在配电线路中分布式智能馈线自动化（FA）的应用。

（5）相量测量功能。随着智能配电网技术的发展，一些高级应用功能，如合环操作电流分析、基于故障电流相位比较的差动保护等，需要知道被监控节点的电压、电流的相位信息，这就要求 FTU 具有相量测量功能。

（6）故障电流方向检测功能。在采用闭环运行方式和具有分布式电源接入的配电环网中，FTU 还需要检测故障电流方向，用以确定故障点。在非故障区段，电流是穿越性的，FTU 检测到的电流方向一致；在故障区段，电流由两侧注入，方向相反。

（7）波形记录功能。为了更好地支持配电自动化系统的故障管理功能，便于调度人员事后对故障进行分析，要求 FTU 能够记录并上报故障电压、电流波形等故障信息。实际应用中，为了简化装置的构成及减少数据传输量，亦可以只记录几个关键的故障电流、电压幅值，如故障发生及故障切除前、后的值。

（8）电能质量监测功能。现在，电能质量越来越受到人们的重视，电能质量监测也是配电自动化系统重要功能之一。在一些工程中，要求 FTU 具备电能质量监测功能，采集记录供电电压中的谐波、电压骤降等参数。

（9）数据处理与转发功能。FTU 需要具备数据处理与转发功能，用以转发附近其他智能设备的数据，从而减少配电自动化系统在通信上的投资。

（10）WEB 功能。FTU 可以提供 WEB 服务，用户端只需使用常用的网页浏览器即可实现实时数据显示、事件记录显示、历史数据下载、配置文件下载等功能。这种方式改变了传统配电终端数据发布的模式，扩展了数据获取途径，用户端不需要安装专门的软件，方便不同厂家设备间的数据交互。出于对网络安全问题的考虑，目前实际工程应用只考虑用户通过密码验证进行 WEB 浏览。

3.3.3.3 站所终端功能

站所终端用于环网柜、开闭所（开关站）、配电所、箱变等中压馈线中站所设备的测控，其需要实现的功能与馈线终端基本类似。由于开闭所（开关站）、配电所、箱变等站所一次接线一般为单母线分段，DTU 的就地控制功能与 FTU 有所不同，需要进行备用电源自投与线路故障的自动隔离。

在就地控制方式下，要求 DTU 具备标准的 PLC 功能，对本站所的进线故障、出线故障、母线故障均可就地自动控制。厂家提供在电脑上运行的 PLC 编程软件，通过标准的编程语言或图形界面，对 DTU 的模拟输入量、开关输入量及开关输出量进行编程，设定所需要的逻辑控制功能，如备用电源自投、重合闸、过流保护、失压保护、过流后失压保护、保护后加速等自动逻辑功能。

3.3.3.4 配变终端功能

配变终端（TTU）用于杆上配电变压器、配电室/箱变变压器运行工况的监测以及无功补偿设备的控制，完成变压器运行数据采集、负荷变化记录、谐波测量、停电时间检测等监测以及无功补偿设备的调节控制功能。

1. **必备功能**

除满足配电终端的基本功能外，TTU 还必须具备以下功能要求：

（1）负荷统计功能。统计一定时间段内（如一周或一月或一年）的供电可靠率、电压合格率、电压越限时间、电容投切次数/累计补偿容量以及电压、电流、有功、无功、功率因数的极值及发生时刻。

（2）负荷记录功能等。记录反映负荷运行特征的参数并保存，记录的运行参数主要有固定时刻（一般是整点时刻）的电压有效值、电流有效值、有功、无功、功率因数、有功电能、无功电能等运行参数。

（3）告警功能。具备电压电流越限、断相、失压、三相不平衡、谐波超标、停电等告警功能。

（4）抄表功能。抄收台区电能表的数据，并可对电量数据进行存储和远传。

（5）上传功能。具备整点数据、支持实时召唤以及越限信息实时上传等功能。

2. 选配功能

（1）控制功能。TTU 应具备相应的数字量输出，实现变压器有载调压和无功补偿设备控制。无功补偿功能能够实现三相补偿、单相补偿和综合补偿，可以选择人工或自动补偿方式，亦可接受主站下发的命令进行无功补偿投切控制。对于有载调压变压器，TTU应能够接受主站命令对变压器分接头进行调节控制。

（2）高压侧电气参数测量功能。可根据需要扩展测量容量，采集高压侧电压、电流、有功、无功等电气参数。

（3）短路故障检测功能。特殊情况下，TTU 需要具备短路故障检测功能，一般要求能够记录故障电流幅值与故障历时。

3.3.4 工程配置

在实际工程中，应根据现场开关辅助接点配置、电压/电流互感器（传感器）配置以及是否具备电动操作机构等情况，按照系统规划设计的整体功能需求，合理配置配电终端的三遥信息以及需要的具体功能，完成对配电网的实时监视。在故障情况下快速、准确地捕捉故障信号，判断故障发生的类型，为配电自动化系统的故障处理提供可靠的判据。

配电自动化终端在实际工程的配置中主要有数据采集、功能配置、安装方式等方面内容。

1. 数据采集

为便于阅读，将 FTU、DTU、TTU 需要采集的数据信息类型进行归纳，具体见表 3.3。

表 3.3　　　　　　　　　　配电终端数据信息采集类型表

信息类型	信 息 名 称	终端类型		
		FTU	DTU	TTU
遥信量	开关位置信号	✓	✓	—
	操作机构储能信号	✓	✓	—
	故障指示器信号	✓	✓	—
	气压信号（SF₆ 开关）	*	*	—
	后备电源告警信号	*	*	*
	刀闸位置信号	*	*	—
	保护动作信号	*	*	—
	无功补偿设备开关信号	—	—	*
	通信状态	✓	✓	✓
	装置自身状态	✓	✓	✓

信息类型	信 息 名 称	终端类型		
		FTU	DTU	TTU
遥测量	电流	√	√	√
	电压	√	√	√
	频率	*	*	√
	零序电流	*	*	*
	零序电压	*	*	*
	功率	*	*	√
	功率因数	*	*	√
	电度	*	*	√
	负序电压	*	*	√
	谐波	*	*	*
	后备电源电压	*	*	*
	温度	*	*	*
	电压越限时间	—	—	*
	电压合格率	—	—	*
	供电可靠率	—	—	*
	电压/电流/有功/无功/功率因数的极值及发生时刻	—	—	*
	无功补偿电容器投切次数	—	—	*
控制量	开关操作控制	√	√	—
	蓄电池充放电控制	*	*	*
	PLC功能控制	—	*	—
	变压器分接头控制	—	—	*
	无功补偿控制	—	—	*
	告警输出控制	*	*	*

注 √表示重要信息；＊表示次要信息；—表示该项信息不适用。"重要信息"与"次要信息"是根据对配电自动化系统功能实现的影响程度来划分的，其具体的采集信息还需要根据系统设计要求来配置。

2．功能配置

配电自动化终端的功能配置时分为必备功能和选配功能等两类，见表3.4。在实际的工程中，需要根据配电自动化系统具体的 SCADA 与馈线自动化（FA）设计方案，确定配电终端的功能配置。

3．安装方式

因应用场合不同，站所终端、馈线终端、配变终端的安装环境和安装方式有所区别。

站所终端安装在环网柜、开闭所、配电所、箱变内，通常有集中式和分布式两种结构。

表 3.4　　　　　　　　　　　　　　　配电自动化终端功能配置一览表

功　　能	FTU		DTU		TTU	
	必备功能	选配功能	必备功能	选配功能	必备功能	选配功能
SCADA 测控	√		√		√	
短路故障检测	√		√			√
单相接地故障检测		√		√		
存储功能	√		√		√	
保护功能		√		√		
就地控制功能		√		√		√
分布式智能控制		√		√		
当地/远方/闭锁控制	√		√			
双位置遥信处理	√		√			
相量测量		√		√		
故障电流方向检测		√		√		
波形记录		√		√		
电能质量监测		√		√		√
负荷统计功能					√	
负荷记录功能					√	
告警功能	√		√		√	
数据处理与转发		√		√		√
自诊断/自恢复功能	√		√		√	
运行维护功能	√		√		√	
不间断供电	√		√		√	
工作电源监视	√		√		√	
WEB 浏览		√		√		√
通信功能	√		√		√	
通道监视	√		√		√	

注　√表示有此功能。

　　集中式结构 DTU 多采用插箱式测控单元,对站所进出线进行集中测控。一般情况下,开闭所、配电所、箱变空间较为充足,DTU 通常采用标准屏柜安装,与开关柜整齐划一,如图 3.11 所示。由于环网柜结构相对紧凑,环网柜 DTU 结构设计宜尽量小型化,有柜内壁挂、柜内立式、柜外立式 3 种安装方式,如图 3.12 所示。

　　分布式结构 DTU 面向站所间隔层一次设备配置,如图 3.13 所示,即每开关设备配置一个测控单元,任意选定其中一个测控单元为主单元,负责采集其他从单元的数据与主

(a)开闭所 DTU 集中组屏安装　　　　(b)箱变 DTU 集中组屏安装

图 3.11　典型 DTU 现场安装情况

(a)柜内壁挂安装　　　　(b)柜内立式安装　　　　(c)柜外立式安装

图 3.12　典型环网柜 DTU 现场安装情况

站通信；其安装方式可以面向间隔层分散安装，也可以集中组屏安装（将所有的测控单元安装在一个屏柜里）；分布式结构配置灵活、安装维护方便，任一测控单元故障均不会影响其他单元的正常工作，可以节约二次电缆与安装空间，但相对于集中式结构，成本较高。

(a)开闭所 DTU 分布式安装　　　　(b)环网柜 DTU 分布式安装

图 3.13　典型 DTU 现场安装情况

　　架空柱上 FTU 与 TTU 一般户外露天安装，采用耐腐蚀材料（如不锈钢）制成的具有防雨、防潮、防尘措施并且能够通风的箱式结构，安装在架空线路柱上或配变台架上，如图 3.14 所示。一般情况下，架空柱上 FTU 只需要测控一条线路（一个开关），特殊情况下，需要同时测控同杆架设的两条线路的两个开关，其需要的 I/O 数量是单个开关的两倍。

(a)单线路架空柱上FTU   (b)双线路架空柱上FTU   (c)配变终端TTU

图 3.14 典型户外终端现场安装情况

3.4 配电自动化系统与其他相关系统的信息交互和互动化应用

3.4.1 信息交互的意义与信息交互总线

经过多年的信息化建设，电力企业已建有多个计算机应用系统，涉及多个专业和部门。这些应用系统一方面各自发挥了积极作用，另一方面由于缺乏统一设计，造成数据冗余度大，同样的数据重复录入，且孤岛效应严重。

配电自动化系统的信息量大、面广，单靠配电自动化终端采集的实时信息是远远不够的，它必须通过与其他相关系统接口来获得必需的实时、准实时和非实时信息。同时，配电自动化系统也需把自己的数据传给有关应用系统。这些信息包括拓扑模型、图形和设备参数等。

另外，配电自动化的一些高级用或综合应用功能，如停电管理、配电生产抢修指挥、风险管控等，都需要多个应用系统的互联和配合，通过信息流和业务流的高效互动来完成，因此，配电自动化系统与其他相关系统之间的数据通信乃至信息交互是非常重要的环节。

信息交互不但是数据互补，扩大信息覆盖面的有效手段，也是实现互动化应用的基础。在建设智能电网的今天，信息交互有着特别的意义。

配电自动化系统与其他应用系统的数据通信或信息交互一般都是通过主站来完成。传统的接口形式通常是采用点对点方式，即每个需要数据通信的系统相互都需要与对方系统两两做专用接口，如图 3.15 (a) 所示。如果应用系统多于一定的数量，这种接口形式会非常繁杂，不但开发上困难，给日后的运维也带来巨大工作量。

IEC 61968（DL/T 1080）标准为电力企业内部各应用系统间的信息共享提供了接口标准和实现机制。IEC 61968 提出了总线型的接口标准，使得多系统的接口关系变得简单，每个系统相对于总线只要做一个接口，即可实现与多个应用系统的信息交互，如图 3.15 (b) 所示。运用信息交互总线，可将若干个相对独立的、相互平行的应用系统/模块（信息孤岛）整合起来，在实现实时、准实时和非实时数据交互或共享的同时，使每个系统/模块继续发挥自己的作用,形成一个有效的应用整体。

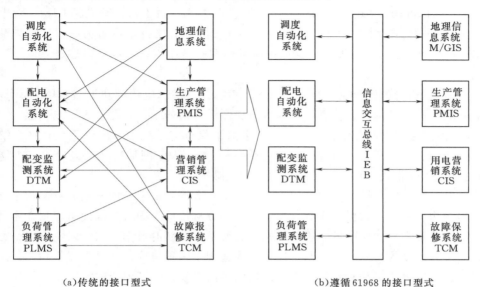

(a)传统的接口型式   (b)遵循61968的接口型式

图 3.15 多系统间接口的方式对比示意图

总线型的接口方式需要配电自动化主站和其他需要实现信息交互的系统在接口定义、数据模型以及传输规约都必须符合标准,IEC 61968、IEC 61970 为此做出了明确细致的规定。并且对配电自动化系统与相关应用系统之间须互相提供什么信息也有明确的定义。

在配电自动化系统建设中,如果对相关系统和信息的整合和关联缺乏整体的考虑,尤其是对 GIS 和 SCADA 之间的模型、图形和接口等没有细致周密的设计和切实可行的解决方案,将直接导致后期的应用无法实用化。因此,配电自动化系统和 GIS 应用系统的接口尤为重要。如果说电气拓扑分析和电力系统仿真是实时系统(即配电 SCADA)的强项,而 GIS 系统则在空间数据处理和图形展示上有它不可比拟的优势,两者通过很好的结合,可以实现较为完美的配电自动化高端应用功能。

配电自动化系统在与其他相关系统的信息交互、共享及应用集成过程中,还必须严格遵守国家相关的安全防护规定,系统安全要求严格遵循《国家电网电力二次系统安全防护实施规范》,并满足《电力二次系统安全防护总体方案》和 6 个配套文件(电监安全〔2006〕34 号文)以及《国家电网公司二次安全防护技术规范及实施方案》的规定,采取安全隔离措施,确保各系统及其信息的安全性。

3.4.2 接口类型

配电自动化系统在与其他外部应用系统信息互联中,对于模型、图形等非实时或准实时数据,采用信息交互总线或文件接口方式;而对于与调度自动化系统之间进行实时数据接入、转发等,则可以采用系统间的直接互联。具体可以有以下接口方式:

(1)基于信息交互总线的接口方式。系统公共服务中具有基于 IEC 61970/61968 的标准化系统互联模块,通过与信息交互总线互联,实现与其他应用系统信息共享和业务集成。

（2）基于 IEC 61970 的 CIM/XML 接口方式。如果第三方系统/应用模块能够基于 IEC 61970 的标准实现，还可以采用 XML 文件的方式。由于双方都遵循 CIM，对电力系统对象描述方式的描述方式相同，任何一方生成的 XML 文件都可被另一方正确理解。通过 XML 文件的交互，双方既可以交互配电网模型的描述信息，也可以传送遥信、遥测数据断面。

（3）基于 SVG 的图形交互的接口方式。第三方系统/应用模块通过 CIM/XML 的方式能够获取电网模型的描述信息，但没有解决图形界面的维护问题。为了减少第三方系统/应用模块的图形编辑制作维护的工作量，也为了保持与系统图形的一致性，将系统有关画面（单线图、系统运行、监视画面等）转换成标准 SVG 图形格式。只要第三方能够利用这些标准 SVG 格式文件，即可实现图形的免维护。

（4）基于数据库的接口方式。通过数据库交互数据是较常见的方式。双方约定好数据库的数据结构，一方将数据写入数据库中，另一方从数据库中将数据读出。双方还需约定好时间顺序或者在数据库中设立相应的标志表明是否有新的数据写入，以免出现一方尚未写入另一方就去读的时间配合问题。这种方式适用于两种情况：一是频率不高尤其是定时的交互数据的情况；二是不断传送实时数据而不需要双方时间配合的情况。

（5）基于专用通信协议的接口方式。通过专用通信协议的接口方式是最常用的方式。双方约定好专用通信协议并按照此通信协议进行双方的通信，实现双方交互。这种方式的适用范围较大，既可用于不定时的数据交互，也可用于实时数据传送。

（6）基于 E 格式的断面数据交互的接口方式。接口采用基于国家调度下发的 E 语言规范文件进行电网断面的数据交互。按照 IEC 61068（即 DL/T 1080）的标准构架和接口方式，系统间信息交互基于消息传输机制，实现实时信息、准实时信息和非实时信息的交互，同时支持多系统间的业务流转和功能集成，完成配电自动化系统与其他相关应用系统之间的信息共享。

3.4.3 交互内容

1. 配电自动化系统从相关应用系统获取的信息

（1）从上一级调度（一般指地区调度）自动化系统实现变电站的图形、模型和运行数据导入。一般通过计算机网络采用 104 通信协议进行单向数据传输，由调度自动化系统向配电自动化系统提供高压配电网（包括 35kV、110kV）的电气接线图、网络拓扑、实时数据和相关设备参数等。

（2）从生产管理系统（PMS）/配电 GIS 系统获取中压配电网（包括 10kV、20kV）的馈线电气单线图、网络拓扑；获取中压配电网（包括 10kV、20kV）的相关设备参数、配电网设备计划检修信息和计划停电信息等。一般通过信息交互总线实现配电自动化系统与 PMS/GIS 之间接口信息交互。PMS/GIS 系统与配网调度及自动化系统交互配网图形参数（单线图、联络图、地理图）和设备信息。PMS/GIS 系统为数据录入源端，使两个系统的图形、配网现场实物与系统图形保持一致。

（3）从营销管理信息系统、配电 GIS 系统或生产管理系统（PMS）获取低压配电网（380V/220V）的网络拓扑、运行数据和相关设备参数等。

（4）从负荷管理系统得到大用户配变（专变）参数、遥测数据，在负控系统中将配变数据以 E 格式通过反向隔离向配电自动化主站传送配变数据，传送频率由负控系统决定。

（5）从营销管理信息系统获取用户故障信息、低压公变/专变用户的相关信息。配电自动化主站系统通过信息交互总线，把设备停电信息以及计划停电信息发布在某一主题上，传递给呼叫中心。呼叫中心把故障信息发送到配网主站系统关心的主题上，并通过反向隔离装置，传递到内网的主站系统相应的适配器上，从而在地理图上供调度人员分析。要求符合 IEC 61968 标准。

2. 配电自动化系统向相关应用系统提供的信息

向相关应用系统提供配电网图形（系统图、站内图等）、网络拓扑、实时数据、准实时数据、历史数据、分析结果等信息。

配电自动化系统与相关应用系统的信息交互内容及流向如图 3.16 所示。

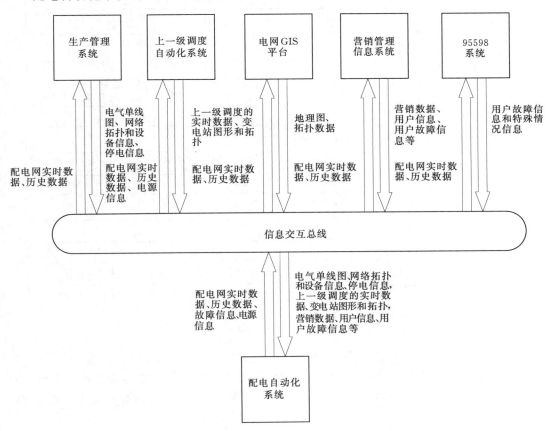

图 3.16　配电自动化系统与相关应用系统的信息交互内容及流向

3.4.4　互动化应用

互动化是智能电网的重要特征之一，而智能电网的互动化更多地体现在配用电环节。随着配电自动化应用的深入和推广，在实现多系统信息交互的基础上可开展互动化应用。

互动化应用的特点就是信息流来自多个系统，业务流贯穿于多个系统。停电管理就是互动化应用的典型案例，下面通过对它的介绍来进一步认识和了解互动化应用。

停电管理涉及配电自动化系统、生产抢修指挥系统、营销管理系统、95598 客服系统等多个应用系统的信息流、业务流的高效互动，其总体架构如图 3.17 所示。停电管理系统为满足新型智能电网的建设需求，科学合理地安排停电计划；加强地区调度与配网调度协同处理故障能力；加强输电网和配电网的协调运行，快速、安全地隔离电网故障，恢复非故障区域的供电，尽可能缩短停电时间，进一步提高供电可靠性和客户满意度，切实提高供电公司的优质服务的水平。停电管理系统能够为停电计划工作、故障停电处理、故障抢修指挥提供强有力支撑。

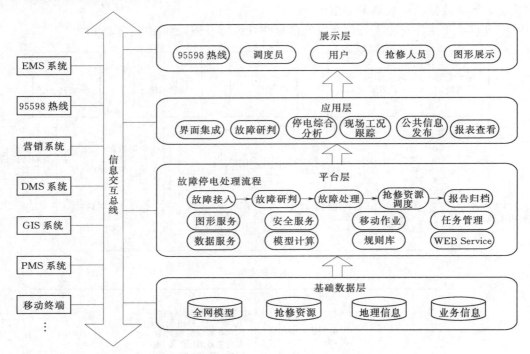

图 3.17　停电管理系统总体架构示意图

停电故障分析及指挥管理的应用需集成生产管理系统（PMS）、地理信息系统（GIS）、调度自动化系统（EMS）、配电自动化系统（DMS）、95598 客服系统以及电力负荷控制、营销管理、配变监测、低压集抄、抢修车辆调度等系统的信息，为故障研判部门提供系统支撑。

（1）计划检修类停电分析。根据计划停电（包括变电停电和线路停电）检修单，自动分析受影响的停电用户范围，并将这一信息发布给 95598 客服。

（2）基于用户报修电话的故障分析。根据 95598 客服接到的用户报修电话，系统结合营销、自动化等多种信息启动故障分析，分析出可能的故障点、受影响用户，将分析结果反馈给 95598 客服。

（3）基于变电站 RTU 或配电终端告警信息的故障分析。配电自动化系统中 RTU 或配电终端由故障信息上传时，主动进行故障分析，分析出故障点、影响的用户，主动通知受影响的电力大客户。

（4）故障综合分析。故障综合分析系统可以从配电自动化系统、95598 客服的用户报修电话、负荷管理系统以及低压电表集抄系统（包括智能电表）等获取配电故障信息，并有效集成和处理这些信息，进行综合故障预测、故障诊断及影响用户的分析。

（5）高级故障分析。高级故障分析功能需要主网、配网、以及低压 400V 完整的拓扑建模，在此基础上进行快速的拓扑分析，从而准确进行故障定位、停电范围判断和受影响的用户统计。高级故障分析对相关系统信息资料维护的及时性、完整性提出了很高的要求。

（6）故障诊断分析的可视化展示。结合地理位置的故障/停电区域显示；电气接线拓扑图上故障电气点的显示；安排抢修停电范围显示；停电影响范围显示；故障停电/检修停电的分别显示等。

3.5　配电自动化系统实现形式

我国供电企业众多，各城市（地区）在地域面积、人口密度、经济发展等相差很大，所在地供电企业在电网规模、设备数量、技术装备以及信息化基础等方面都存在较大差异。因此，配电自动化系统不可能用一种固定模式来建设，更不可能一步到位。供电企业应根据自身实际状况和需求，选择合适的系统配置和实现方式，且分阶段、分步骤实施。

按照配电网的规模和配电自动化系统的功能配置，可以配电主站的实现功能来划分类型。

3.5.1　无主站系统

无主站系统是指基于就地检测和控制技术的馈线自动化系统。配电线路的联络开关和分段开关等设备采用重合器或具备自动重合闸功能的开关设备，通过这些设备之间的逻辑配合（如时序等），就地实现配电网故障的隔离和恢复供电。这样的系统对配电主站和通信通道没有明确的要求。

近年来，另一种相对独立于主站的智能分布式馈线自动化系统正在悄然兴起。它是随着配电终端的智能化和光纤快速通道应运而生。在配网发生故障时，由故障区域的相邻配电终端之间的对等通信来判断故障点，然后通过对一次设备的就地控制实现快速的故障隔离和非故障区段的恢复供电。

上述两种无主站或不依赖主站的系统实现方式一般适用于局部区域的馈线自动化，也称为就地型馈线自动化系统，而不是真正意义上的配电自动化系统。它们可以作为满足当地配电自动化实际需求而应用的一部分，最终都应纳入供电企业配电自动化的整体规划和系统建设之中。

3.5.2　小型系统

对实时信息接入量小于 10 万点的配电自动化实施地区（城市），称为小型系统可以反选用基本功能来设计和构建配电自动化系统。该类型系统可称为小型系统，它的主站配置相对简单，但能够实现完整的配电 SCADA 功能和馈线故障处理功能。

该类型系统利用多种通信手段（如光纤、载波、无线公网/专网等），以实现遥信和遥测功能为主，对相关配电线路和一次设备的运行数据和状态进行采集和监测，也可根据实际需要对具备电动操作机构和良好通信条件的配电开关/断路器进行遥控，即实行三遥。该类系统在三遥的基础上，也可以实现小范围的集中型馈线自动化功能。对于已实现就地型馈线自动化的区域也可以纳入系统统一管理。小型配电自动化系统如图 3.18 所示。

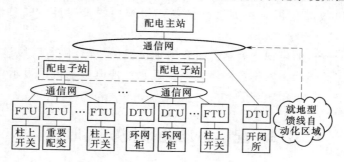

图 3.18 小型配电自动化系统

3.5.3 中型系统

对于实时信息接入量在 10 万~50 万点的配电自动化实施地区（城市），称为中型系统可以选用"基本功能+扩展功能（配电网分析应用部分）和信息交互功能"来设计和构建配电自动化系统。该类型系统可称为中型系统，它不但具备完整的配电 SCADA 功能，而且由于主站配置相对较高，可以发挥主站强有力的处理能力，实现大范围的集中型馈线自动化功能；在配电终端配合下，由主站统一进行配电网故障的识别、定位、隔离和非故障区段自动恢复供电。该类型系统还可通过与上级调度自动化系统、生产管理系统、电网 GIS 平台等其他应用系统的互联，建立完整的配网模型，实现基于配电网拓扑的各类应用功能，为配电网生产和调度提供较全面的服务。中型配电自动化系统如图 3.19 所示。

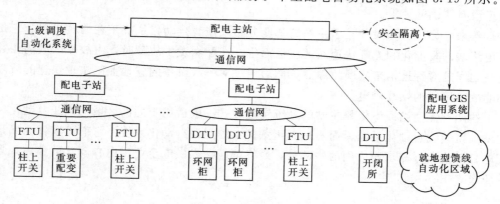

图 3.19 中型配电自动化系统

3.5.4 大型系统

对于实时信息接入量大于 50 万点的配电自动化实施地区（城市），可以选用"基本功能＋扩展功能（配电应用及智能化部分）和信息交互功能"来设计和构建配电自动化系统，该类型系统可称为大型系统，它的主站配置完整、强大，并通过信息交互总线整合相关应用系统的配电信息，实现部分智能化应用，为配电网安全、经济运行提供辅助决策。

该类型系统除具备中型系统的全部功能之外，主要特点是通过信息交互总线实现配电自动化系统与相关应用系统的互联，整合配电信息，外延业务流程，扩展和丰富配电自动化系统的应用功能，支持配电生产、调度、运行及用电等业务的闭环管理，为配电网安全和经济指标的综合分析以及辅助决策提供服务。大型配电自动化系统如图3.20 所示。

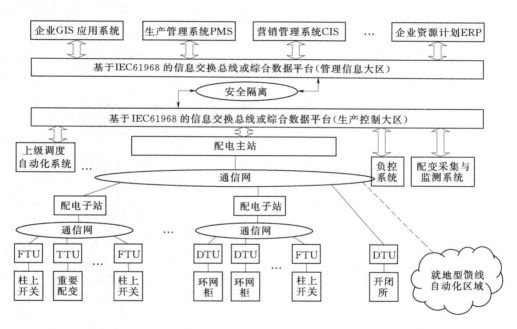

图 3.20 大型配电自动化系统

3.5.5 智能化应用

在配电自动化系统应用比较成熟并且智能电网的相关建设取得了实质性进展基础上，可以扩展对分布式电源/储能装置/微电网的接入及控制功能，基于快速仿真和智能预警分析技术的配电网自愈控制功能，以及通过信息交互总线进一步实现与智能用电等其他应用系统的互动化应用。若对配电网的安全控制和经济运行辅助决策有进一步的需求，可通过配电网络优化和提高供电能力的高级应用软件实现配电网的经济优化运行。配电自动化系统智能化应用如图 3.21 所示。

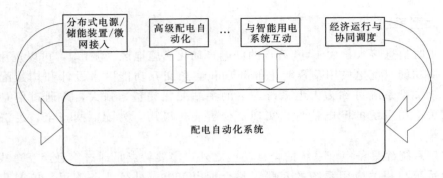

图 3.21　配电自动化系统智能化应用

第4章
配电自动化通信系统

根据我国国家电网公司企业标准《配电自动化系统技术导则》中的相关要求，配电通信网分为骨干网和接入网两层，骨干网的建设宜选用已建成的 SDH 光纤传输网扩容的方式，接入网的建设方案采用光纤 EPON、工业以太网、中压 PLC、无线专网、无线公网GPRS/CDMA/3G 等通信方式相结合，组建配电通信接入网，通过构建配用电一体化通信平台来实现多种通信方式"统一接入、统一接口规范和统一监测管理"，确保通信通道安全、可靠、稳定运行。

在智能配电自动化应用中，配网通信网建设难点在终端通信接入网，采用多种通信方式的一体化集成通信技术是建设配网通信接入网的一种经济，可行的途径。

智能配电自动化的通信业务中，基于 IP 的通信业务流量比重越来越大，视频、语音和数据等多种业务混合传送已经成为发展的趋势，因此，配网在电力终端通信接入网的建设规划，网络结构、网络基础和网络技术体制等方面，都应明确以构建 IP 网络为发展方向。

4.1 配电自动化通信技术

4.1.1 无源光网络 EPON

光纤接入网（OAN）是指在接入网中采用光纤作为主要传输媒质来实现信息传送的网络形式，即在 ITU－T 接入网建议 G.902 中业务节点接口（SNI）和用户网络接口（UNI）之间全部或部分采用光纤传输技术的接入网。它不是传统意义上的光纤传输系统，而是针对接入网环境所设计的特殊的光纤传输网络。光纤接入网主要由网络侧的光线路终端（OLT）、用户侧的光网络单元（ONU）和中间的光分配网络（ODN）组成。从系统配置上可将 OAN 分为无源光网络（PON）和有源光网络（AON）。

无源光网络（PON）是指在 OLT 和 ONU 之间没有任何有源的设备，而只使用光纤和无源光分路器等无源器件构成的光接入网。PON 对各种业务透明，易于升级扩容，便于维护管理。特别的，由于 PON 中的 ODN 部分仅由光分路器和光缆等无源器件组成，因此具有极高的可靠性，同时对环境的依赖程度小，是光接入网中最为看好的技术。

PON 的结构可以有星形、总线形和环形等。PON 的结构中，OLT 和多个 ONU 之间进行通信采用的典型方法是：下行数据信号使用 1490nm 波长，上行数据信号采用1310nm 波长的单纤双工模式，下行采用广播方式或时分复用（TDM），上行一般采用时分多址（TDMA）。按照标准规定，OLT 与 ONU 之间的物理距离不得少于 20km。

采用 TDMA 方式的 PON 系统也称为 TDM - PON，由于上行多个 ONU 使用同一个波长，因此需要采用包括突发收发、突发同步、测距、动态带宽分配、服务质量和保护等 PON 专用技术。

根据传送信号数据格式的不同，PON 可以进一步地分为基于 ATM 的 APON、基于 Ethernet 的 EPON 和千兆比特兼容的 GPON 等，目前商用化程度较高的是 EPON，GPON 技术起步相对较晚，但近期有较多的芯片厂家开始支持，因此发展前景较好。

PON 系统另一个非常有潜力的发展方向是采用波分多址（WDMA）的 WDM - PON，即每个 ONU 均采用一对专用波长与 OLT 进行全双工通信，省去了现有各种 TDM - PON中复杂的第二层适配和带宽分配等技术。

4.1.2　工业以太网交换机

在 IEEE 802 标准中，目前应用最为广泛的标准就是 IEEE 802.3，因为该标准是在 Ethernet 标准上制定的，所以也将遵循 IEEES 02.3 标准的局域网统称为 Ethernet（以太网）。将以太网技术应用到工业现场环境中，称为工业以太网。由于工业现场环境复杂，因此工业以太网也是能够满足环境性、可靠性、安全性及安装方便等要求的以太网。工业以太网具有成本低、容易组网；有相当高的数据传输速率；资源共享能力强；易与 Ethernet 连接；软硬件资源丰富，并且受到广泛的技术支持等特点，目前在配电自动化通信系统有一定应用市场。

工业以太网存在的主要问题如下：

（1）传输的不确定性问题。以太网是一种共享型网络，核心技术是 CSMA/CD（Carrier Sense Multiple Access/Collision Detect），即带有冲突检测的载波侦听多路访问方法。CSMA/CD 是一种争用协议，网络中的每个站点都争用同一个信道，都能独立决定是否发送信息，如果有两个以上的站点同时发送信息就会产生冲突。一旦发生冲突，同时发送的所有信息都会出错，本次发送宣告失败。每个站点必须有能力判断冲突是否发生，如果发生，则应等待随机时间间隔后重发，以免再次发生冲突，因此不能满足控制系统关于精确定时通信的实时性要求，通常被视为非确定性的网络。

（2）可靠性问题。传统的以太网不是为了工业应用而设计的，其主要应用于办公自动化领域，同时，以太网本质上采用竞争方式，具有超时重发机制，因此会引发单点故障传播，使得故障节点独占总线而导致其他结点传输失败。

（3）互操作问题。设备间互操作性是指连接到同一网络上不同厂家的设备通过统一的应用层协议进行通信和互相控制，功能用途相似的设备可以实现相互替代。作为开放系统的优点之处，互操作性为客户保障了来自不同厂商的设备通信的可靠性，使多厂商产品在集成环境中共同工作成为可能。以太网仅仅定义了 ISO/OSI 参考模型中的物理层和数据链路层，再加上 TCP/IP 协议也只是在以太网上面提供了网络层和传输层的功能，在应用层没有作技术规定。

（4）安全性问题。工业以太网把传统的集散控制系统中的信息管理层、过程监控层、现场设备层统一起来，使数据的传输速率提高、实时性更强，同时它可直接接入 Internet，实现了数据的共享，使公司可高效率的运作，与此同时也带来了一系列的网络安全问题。

（5）远距离传输问题。在工业生产现场，各种测控仪表的物理空间分布比较分散，仪表间的布线距离较远，几十米甚至达到数千米。由于信号沿总线传播时的失真和衰减等干扰因素，以太网协议中对传输系统的线路使用作了具体的规定，例如双绞线（10BASE-T）的长度不得超过100m；使用细同轴电缆（10BASE-2）时每段的最大长度为185m；而使用粗同轴电缆（10BASE-5）时每段的最大长度也仅能达到500m，对于距离更长的终端设备，则可使用中继器（但不超过4个）或者光纤通信介质进行连接。在这种情况下，由于使用10BASE-T双绞线不能达到距离要求，而如果使用10BASE-2或10BASE-5同轴电缆又不能进行全双工通信。同样，都采用光纤传输介质，一是现场设备的供电不易解决，二是成本也非常昂贵，不利于在工业现场的广泛应用。

（6）共享带宽问题。配电通信接入网络采用统一规划，优化设计，支撑包括配电数据业务、视频业务、用电数据业务等多种电力业务，这些业务都共享同一通信带宽，须要根据业务的需要动态调整带宽需求。

4.1.3 配电线载波通信

自从20世纪20年代电力线载波通信（Power Line Carrier，简称为PLC）推出以来，PLC已经成熟而有效地应用于电力系统，主要服务于用电力传输线传输继电保护、SCADA和语音通信所需的信息。电力公司喜欢采用电力线载波通信手段，因为他们已取得了大量成功的经验。这种通信方式可以沿着电力线传输到电力系统的各个环节，而不必考虑架设专用线路，并且PLC工作频段（20～500kHz）是无线电管理委员会分配给电力系统使用的合法工作频段。

依电力线载波通信所采用的通信线的不同，PLC分为输电线载波通信（Transmission Line Carrier，简称为TLC）、配电线载波通信（Distribution Line Carrier，简称为DLC）和低压配电线载波通信（又称为入户线载波通信）等3类。

按与电力线耦合方式的不同，电力线载波通信可分为相地传输方式、两相对地耦合方式和相相耦合方式等。

电力线载波通信将信息调制在高频载波信号上通过已建成的电力线进行传输。对于电力线载波通信，载波频率一般为40～500kHz；对于配电线载波通信，载波频率为3～500kHz（参见DL/T 790.31—2001：《采用配电线载波的配电自动化 第3部分：配电线载波信号传输要求 第1篇：频带和输出电平》）；对于低压配电线载波通信，载波频率一般为50～150kHz。对待传输信息的调制可采用幅度调制（AM）、单边带调制（SSB）、频率调制（FM）或移频键控（FSK）。

10kV配电线路供电半径很长，配电线路的结构大部分采用串葫芦接线方式，变电站之间有很多分支线路，由于在分支线路处不能安装阻波器，使得传统载波无法开通。另一方面，传统载波机提供的音频通道和语音通道只能采用点对点载波通信，不能组网通信，所以采用串葫芦接线方式的10kV配电线路，实际上无法实现组网通信。此外，变电站或者配电站关口表电量数据的采集也因通信障碍不能做到实时采集，因而也无法进行实时分析、监控线损情况。

1. 传统载波通信技术的局限性

（1）只能进行点对点通信，不适用于普遍采用的串葫芦接线方式的载波组网通信要求。

（2）传统载波机对载波信道质量要求高，可靠通信要求信噪比在＋20dB以上。但目前的10kV中压配电线路，无法满足传统载波机对载波信道质量的要求，特别是在10kV中压配电线的分支线路上须要安装阻波器的要求很难满足。

（3）传统载波机自适应能力较差。载波信道质量波动非常大，导致传统载波机出现开通一段时间后就不通了或者时通时不通等现象。

（4）传统载波机维护不方便。传统载波机安装需要现场调试或调整载波机参数，对维护人员要求较高。

2. 中压载波通信新技术

由于中压配电线路配网络结构复杂，分支线路多，且无法安装阻波器，并且安装阻波器将造成高频通道的阻断，因此，从开展全面配电自动化的总体要求来看，是不利的。中压配电线传输特性时变性强，波动较大，噪声干扰复杂，受技术的局限，基于中压配电线路的载波通信一直是载波通信领域的空白。国内外相关企业一直致力于该领域研究，在载波调制和组网技术研究方面进行不断探索，取得了很大进展。具体相关技术介绍如下：

（1）OFDM技术或者多载波调制技术。OFDM一种多载波调制技术，将可利用的频谱划分为许多子载波信道，每一个信道都被较低速率的数据流所调制。OFDM技术类似FDMA技术的多用户访问方式，不同的是，OFDM首先将信道划分为多个子信道，然后再分配给不同的用户。由于OFDM划分的子载波频率相互正交，相邻信道的频谱相互重叠，但是相互不干扰，有效地提高了频谱利用率，如西门子的DCS3000就是采用该技术。

（2）新型网络化配电线载波机采用的技术。配电线载波通信面临的许多突出问题，如信号频率的变化、线路结构的变动（分段开关、联络开关和分支开关开闭状态）和用电负荷变动会造成中压配电线的阻抗和传输衰减大幅度波动；线路结构的变动和补偿电容投入和退出会产生严重的产生突发干扰；线路结构的变动会造成配电线载波通道的路由发生变化；地埋电缆的线—线、线—屏蔽地之间的分布电容较大，因此对载波信号的衰减较大，并且频率越高，衰减越大。新型网络化配电线载波机针对这些难题，采用了许多独特的技术，例如自适应多频段调制与接收技术，以克服中压配电线路的多种干扰；增强型自适应模拟前端技术，以适应中压配电线路的阻抗特性；多逻辑网络的组网技术，以解决实际通信中的多种应用需求；可移动中继技术，以保证特殊情况下载波信号传输不中断；载波信号耦合技术，以使载波通信适应不同的配电线路，如架空线路、电缆线路以及架空线路和电缆线路的混合线路等。

4.2　配电自动化对通信系统的基本要求

配电自动化对通信系统的要求取决于配电自动化的规模、复杂程度和预期达到的自动化水平。总体上讲，配电自动化对通信系统的要求体现在以下几个方面。

（1）应有高度的可靠性，设备抗电磁干扰能力强。配电自动化的通信系统中许多设备是在户外安装的。这意味着通信系统要长期经受不利气候条件的考验，如阴雨、大雪、冰雹、大风和雷雨等。此外，长时间暴露在强烈的阳光下会导致一些材料的老化。因此，配电自动化的通信系统必须设计成为能够通过常规维护，就可以在上述恶劣状况下工作的系统。

配电自动化的通信系统将在较强的电磁干扰（EMI）下工作，这会对通信的可靠性产生很大的影响。电磁干扰有可能以射频的形式出现，如产生于间隙放电、电晕等的电磁干扰，也会以工频的形式出现，如产生于变压器、谐波干扰等的电磁干扰。雷电和故障以及涌流还会造成瞬时的极强烈的电磁干扰。对电磁干扰的容忍程度取决于要实现的自动化功能。例如要完成隔离故障区段以及恢复正常区域供电的功能，就必须使通信系统在电力系统故障期间也能可靠工作，并能抵抗强烈的瞬间干扰。因此，能够跨过故障区和停电区域保持通信，是对通信系统可靠性的一项基本要求。

（2）通信系统的费用应考虑经济性。由于配电自动化的通信系统的造价很可观，因此通过恰当地选取合适的通信方式，可以节省大笔的建设费用。如果通信方式设计得不合适，有可能产生过高的建设投资，使得所建成的配电自动化系统的效益难以发挥出来。在对配电自动化的通信系统进行预算时，不仅要考虑设备的造价，还要估算通信系统长期使用和维护的费用。

（3）对通信速率有要求。任何通信系统的带宽都是有限的，带宽越窄通信速率越低。在建设通信系统时，不仅要满足眼前的通信速率要求，还要考虑到今后发展的需要。一般 600bit/s 或以上的通信速率就能满足配电自动化的大部分功能要求，对于诸如一遥数据这样的功能，甚至低于 300bit/s 的通信速率都能满足其要求。

从功能的角度，在配电自动化系统中，进线监视、10kV 开关站、配电站监控和馈线自动化（FA）对于通信速率的要求最高，其次是公用配变的巡检和负荷监控系统，远方抄表和计费自动化对于通信速率的要求较低。从配电自动化系统结构的角度分析，集结了大量数据的主干线对通信速率的要求，要远高于分支线对通信速率的要求。

在选择通信方式之前，应当先估算配电自动化系统所需要的通信速率，应考虑到最坏的情形，并根据需要恰当选取合适的通信方式和通信网络组织形式。此外，在设计上应留有足够的频带，以满足今后发展的需要。

（4）具有双向通信能力及可扩展性。配电自动化的大多数功能要求双向通信。先进的负荷控制系统可以发送伴随着地址的投运或停役命令，从而可以对被控制对象的独立负荷或成组负荷分别进行控制。对于故障区段隔离和恢复正常区域供电的功能，则必须要求有双向通信能力的信道。在这种情况下，对位于远方的终端设备（例如柱上 FTU）必须能向控制中心上报故障信息以便确定故障区段，控制中心必须能够向远方设备发布控制命令，以隔离故障区段和恢复正常区域供电。

（5）主干通信网应建立备用通信通道。配电自动化系统的主干通信网络由于集结了大量分散站点的信息，因而非常重要。主干通信线路一旦故障，将会导致一大片区域的配电自动化设备失去监视和控制。因此提高主干通信线路的可靠性非常必要。

对于采用光纤通信系统构成的主干通道，可以采用无源光网络和工业以太网交换机构建通信接入网的基于 IP 的主干通信网络。在通道发生故障时，能够实现自愈网不需人为干预，可在很短的时间内从失效故障中恢复所携带的业务。

（6）电网停电或故障时，不影响通信。配电网的调度自动化功能和故障区段隔离，及恢复正常区域供电的功能要求，即使在停电的地区通信仍能正常进行。特别是采用电力线作为通信信息传输媒介的载波通信方式在这个问题上会面临许多困难。必须考虑故障或断线对这几种通信方式的影响。另一个必须考虑的问题是在停电地区的远方通信终端设备（如 RTU、智能电度表和负荷控制设备等）的供电问题，应当为它们提供后备电源或采取其他供电手段（如 UPS、超级电容和蓄电池等）。

（7）通信设备标准化，容易操作与维修。配电自动化的通信系统构成规模往往较大，而且通常采用多种通信方式相结合。因此在设计上，通信设备的各项指标应符合国际标准以及国家、行业和国家电网企业标准，应考虑尽可能地简化这一复杂的通信系统的使用与维护。配电自动化系统的用户大多不是通信与电子技术的专业人员，他们往往不熟悉通信设备。因此有必要对其进行深入细致的培训，以提高他们的通信技术的使用和维护的技能，在对一种通信手段的经济效益分析时，应将培训费用考虑在内。选择标准的通信设备和通信协议不仅能够提高系统的兼容性，而且为今后的扩展带来方便，也有助于降低使用与维护费用。

（8）通信系统应具有防过电压和防雷能力。配电自动化系统的通信网络错综复杂，且大多处于室外环境，容易受到雷电过电压、直击雷和感应雷的危害，此外通信线路横跨或平行高压线路时，也会受到较强磁场的感应。因此，配电自动化中通信系统的防过电压和防雷能力非常重要。

（9）业务对通信系统有要求。配电自动化系统通信系统不仅需要支撑配电自动化系统的一般数据（三遥数据、二遥数据和一遥数据）的实时传输，还需要考虑特殊需求的业务数据传输，例如，语音、视频监控、分布式馈线自动化和分布式点源接入的通信解决方案等。

（10）对信息安全有要求。配电自动化系统配电终端所采集数据包含监测数据、控制数据等。配电终端至主站的上行数据均为监测数据，主站至配电终端的下行数据为控制命令。其主要存在的信息安全脆弱点为：

1）非授权用户可对配电终端进行控制。

2）通信协议没有采取主站身份鉴别机制和加密传输，易于分析和伪造控制报文。

3）存在系统主站资源的非授权访问、敏感数据泄漏等的安全风险。

4）存在对数据的有效性验证的风险。

按照国家电网调（2011）168 号《关于加强配电网自动化系统安全防护工作的通知》要求，"无论采用何种远程通信方式，配电自动化系统应该支持基于非对称密钥技术的单向认证功能，主站下发的遥控命令应带有基于调度证书的数字签名，子站侧或终端侧应能够鉴别主站的数字签名。各单位应当尽快开展配电自动化系统主站及终端设备的升级改造工作。"

4.3 配电自动化通信系统的性能指标

4.3.1 无源光 EPON 设备性能指标

无源光 EPON（基于以太网方式的无源光网络）是一种新型的光纤接入网技术，它采用一点对多点方式，无源光纤传输，在以太网之上提供多种业务，消除了复杂的传输协议转换带来的成本因素。EPON采用单纤波分复用技术（下行1490nm，上行1310nm），采用IEEE 802.3ah以太网的格式进行TDM和IP数据传输，通过扩展第三个波长（通常为1550nm）即可实现视频业务广播传输，仅需一根主干光纤和一个OLT，传输距离可达20km。

EPON技术下行采用广播方式、上行采用时分复用接入方式（TDMA），其结构组网灵活，可以组成树型、星型和总线型等不同拓扑结构。ODN采用无源光器件组成，系统稳定性高，成本较低，便于运营维护。EPON目前可以提供上、下行对称的1.25Gbit/s的带宽，并且随着技术的发展，可以在不改变ODN结构的情况下升级到10Gbit/s。

OLT/ONU设备主要性能指标如下：

（1）支持以太网MAC交换、二层转发、帧过滤、二层隔离、生成树、负载均衡、QinQ、流量控制、网络侧本地汇聚、VLAN堆叠、动态带宽分配功能。

（2）支持多业务QoS保障、优先级队列机制、流限速、OLT优先级调度、ONU优先级调度、缓存管理、广播风暴抑止功能。

（3）支持加密与安全控制，包括PON接口数据安全、MAC地址控制、过滤和抑制、ONU认证、用户认证和用户接入线路（端口）标识、业务隔离技术。

（4）支持组播和组播控制功能。

（5）系统管理。支持SNMP v1/v2/v3、Telent、Console，支持802.1ah OAM，支持带内管理和带外管理，支持对ONU的远程管理，具有统一的网络管理系统。

（6）支持三重搅动（Triple Churning）和AES-128功能。

（7）支持光纤保护倒换功能，当光纤链路上有一处纤芯损坏时，故障点后面的ONU自动倒换到另一个光方向进行工作，不影响ONU的正常数据传输业务。

（8）EPON系统操作维护管理功能应支持对OLT和ONU的配置、故障、性能、安全、告警等管理功能。

（9）设备的电磁兼容性指标应符合以下标准规定：

1）GB/T 17626.2—2006《电磁兼容 试验和测量技术 静电放电抗扰度试验》中规定的静电放电抗扰度试验。

2）GB/T 17626.3—2006《电磁兼容 试验和测量 技术射频电磁场辐射抗扰度试验》中规定的射频电磁场辐射抗扰度试验。

3）GB/T 17626.5—2008《电磁兼容 试验和测量技术 浪涌（冲击）抗扰度试验》中规定的浪涌（冲击）抗扰度试验。

4）GB/T 17626.6—2008《电磁兼容 试验和测量技术 射频场感应的传导骚扰抗扰度》中规定的射频场感应的传导骚扰抗扰度试验。

5）GB/T 17626.8—2006《电磁兼容 试验和测量技术 工频磁场抗扰度试验》中规定的工频磁场抗扰度试验。

（10）机械环境适应性。机械环境适应性主要有振动适应性、冲击适应性和碰撞适应性等性能指标，详见表4.1～表4.3。

表 4.1   振 动 适 应 性 参 数 表

试验项目	试验内容	试验参数	
初始和最后振动响应检查	频率范围	10～55Hz	
	扫频速度	≤1oct/min	
	位移幅值或加速度	0.15mm	20m/s²
定频耐久试验	位移幅值或加速度	0.75mm（10～25Hz）0.15mm（25～58Hz）	20m/s²
	持续时间	29～31min	
扫频耐久试验	频率范围	10～55～10Hz	
	位移幅值或加速度	0.15mm	20m/s²
	扫频速度	≤1oct/min	
	循环次数	5 次	

表 4.2   冲击适应性参数表

峰值加速度	脉冲持续时间	冲击波形
150m/s²	11ms	半正弦波、后峰锯齿波或梯形波

表 4.3   碰撞适应性参数表

峰值加速度	脉冲持续时间	碰撞次数
50m/s²	16ms	1000 次

4.3.2   中压载波通信设备性能指标

中压载波通信设备的性能指标主要包括载波工作频段、发送功率、工作温度范围等，详见表 4.4。

表 4.4   中压载波通信设备技术参数和性能指标

序号	名称	项目	标准参数值
1	载波通信设备通用标准	载波频段	20～500kHz 可自动动态调整
		数据接口	RS232 或 RS485
		串口比特率	300bit/s、600bit/s、1200bit/s、2400bit/s、4800bit/s、9600bit/s、19.2kbit/s、38.4kbit/s 可设
		传输误码率	< 10^{-5}
		适用电压等级	35kV、10kV
		最大载波发送功率	5W
		接收灵敏度	<−60dBm
		接收信噪比	≥−3dB
		工作温度范围	−40 ～ +65℃
		通信协议	支持主从通信协议、透明数据传输、IEC 60870—5—101 规约。
		回波损耗	≥25dB
		输出阻抗	75Ω
		散热	无风扇散热
		应用案例	提供不少于 3 个典型案例
		设备应用	提供不少于 500 台现场运行设备证明

序号	名称	项目	标准参数值
2	主载波设备技术参数	工作电源	AC220V/DC220V/DC±48V/DC24V
		外形结构	19英寸宽度，2U或4U高度
		网管接口	必须具备独立的网管接口，以监测所管辖逻辑网络的载波设备的运行状态；具有支持综合网管的北向接口
3	从波设备技术参数	工作电源	AC220V/DC220V/DC±48V/DC24V
		外形结构	小型化设计，不大于300mm×300mm×100mm
		中继	既可作普通从载波设备，也可同时作为中继载波设备
		稳定性	单台从载波出现故障时，故障范围只能局限于该故障节点，不能扩大影响到其他节点正常通信
4	注入式电感耦合设备参数	载波频段	20～500kHz
		线路侧标称阻抗	75Ω
		传输衰耗	小于4.5dB
		额定功率	大于100W
		工作环境温度	−40 ～ +65℃
		单脉冲电流承受力	30kA
5	卡接式电感耦合设备参数	载波频段	20～500kHz
		线路侧标称阻抗	75Ω
		传输衰耗	小于8.5dB
		额定功率	大于100W
		工作环境温度	−40 ～ +65℃
		工作环境	可浸泡在水中工作
		安装	不停电安装
6	一体化电容耦合器设备参数	安装环境	适合室内外环境安装
		载波频段	20～500kHz
		线路侧标称阻抗	75Ω
		传输衰耗	小于4.5dB
		额定功率	大于100W
		工作环境温度	−40～ +65℃
7	载波通信管理机技术参数	支持以太接口到串口镜像	可配置不少于4个串口镜像
		对主载波接口	RS232或RS485
		上联接口	100Mbit/s以太网
		网络管理功能	对载波网络进行网管、故障定位，传输性能监视
		供电电源	AC220V/DC220V/DC48V/DC24V
		可管理的主载波数量	不小于10台
		外形结构	19英寸宽度，1U或2U高度
		散热	无风扇散热技术
		工作温度	−10 ～+65℃

注 标准参数和由项目单位提供。

4.4 配电自动化通信系统的参考标准

1. 无源光 EPON 设备的主要参考标准

在配电自动化系统应用的无源光 EPON 设备，至少应满足最新版本的相关国家标准和行业规范，具体的参考标准有：

(1) GB/T 191《包装储运图示标志》。

(2) GB/T 2423 电工电子产品环境试验内所有标准。

(3) GB/T 17626.2—2006 中规定的静电放电抗扰度试验。

(4) GB/T 17626.3—2006 中规定的射频电磁场辐射抗扰度试验。

(5) GB/T 17626.5—2008 中规定的浪涌（冲击）抗扰度试验。

(6) GB/T 17626.6—2008 中规定的射频场感应的传导骚扰抗扰度。

(7) GB/T 17626.8—2006 中规定的工频磁场抗扰度试验。

(8) YD/T 1771—2008《接入网技术要求——EPON 系统互通性》。

(9) YD/T 1475—2006《接入网技术要求——基于以太网方式的无源光网络（EPON）》。

(10) ITU-T Y.1291—2004《分组网络支持 QoS 的结构框架》。

(11) IEEE 802—2001 局域网和城域网的 IEEE 标准——概况和架构。

(12) IEEE 802.1D—2004 局域网和城域网的 IEEE 标准——媒体访问控制网桥。

(13) IEEE 802.1Q—2005 局域网和城域网的 IEEE 标准——虚拟局域网协议。

(14) IEEE 802.1ad 局域网和城域网的 IEEE 标准——虚拟局域网协议——增补文件 4：提供商网桥。

(15) IEEE 802.3—2005 信息技术——系统间通信和信息交换——局域网和城域网特定要求——第 3 部分：CSMA/CD 接入方式和物理层规范——增补文件：用于用户接入网的媒质接入控制参数、物理层和管理参数。

(16) 国家电网公司企业标准－基于以太网方式的无源光网络（EPON）系统第 1 部分：技术条件。

2. 中压载波设备的主要参考标准

在配电自动化系统应用的中压载波通信设备，至少应满足最新版本的相关国家标准和行业规范，具体的参考标准有：

(1) DL/T 790.321—2001（IEC 61334—3—21：1998）《采用配电线载波的配电自动化 第 3-21 部分：配电线载波信号 传输要求 频带和输出电平》。

(2) DL/T 790.322—2002（IEC 61334—3—22：2001）《采用配电线载波的配电自动化 第 3—22 部分：配电线载波信号传输要求 中压相地和注入式屏蔽地结合设备》。

(3) DL/T 790.441—2004（IEC 61334—4—41：1996）《采用配电线载波的配电自动化 第 4 部分：数据通信协议 第 41 篇 应用层协议 配电线报文规范》。

(4) DL/T 790.41—2002（IEC 61334—4—1：1996）《采用配电线载波的配电自动化 第 4 部分：数据通信协议 第 1 篇：通信系统参考模型》。

（5）DL/T 634.5104—2009《远动设备及系统 第 5—104 部分 传输规约 采用标准传输文件集的 IEC 60870—5—101 网络访问》。

4.5　配电自动化通信系统的典型实现方式

根据《配电自动化系统技术导则》中的相关要求，多种配电通信方式综合应用实现配网通信系统是推荐应用模式，其典型案例示意图如图 4.1 所示。图 4.1 中多种配电通信方式的混合通信系统由配网通信综合接入平台、骨干层通信网络、接入层通信网络以及配网通信综合网管系统等组成。

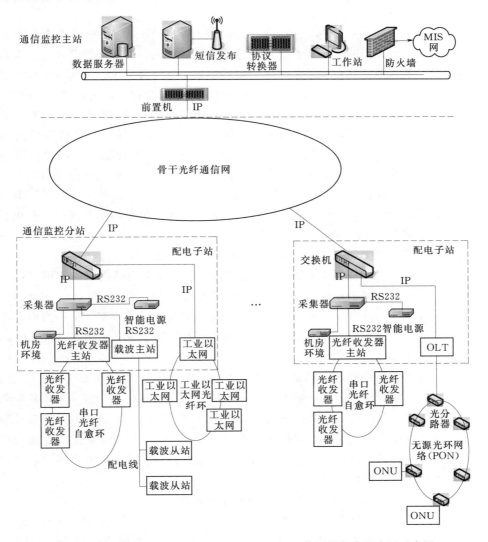

图 4.1　多种配电通信方式综合应用实现配网通信系统的典型应用示意图

在配电主站端配置配网通信综合接入平台可以实现多种通信方式统一接入、统一接口规范和统一管理。统一接入有效地融合了多种通信方式，为配电自动化系统提供综合的接入解决方案，配电主站设备通过统一接口规范连接到配网通信综合接入平台。另外，配网通信综合接入平台也可以供其他配网业务系统使用，避免每个配网业务系统单独建设通信网，有利于配电通信网的管理与维护。

在配电主站端配置配网通信综合网管系统，可以实现对配网通信设备、通信通道、重要通信站点的工作状态统一监控和管理，包括拓扑管理、故障管理、性能管理、配置管理、安全管理等功能。一般采用分层架构体系建设配网通信综合网管系统。

4.5.1 配网通信系统规划原则

1. 选用无源光 EPON 通信技术的依据和原则

根据电监安全〔2006〕34 号《关于印发〈电力二次系统安全防护总体方案〉等安全防护方案的通知》中关于配电二次系统安全防护方案的规定，以及国网公司《配电自动化技术导则》、《配电自动化建设与改造技术原则》中相关意见和建议，配电数据属于生产控制大区（安全 I 、 II 区），用电数据属于管理信息大区（安全 III 、 IV 区）。配电数据尽量采用专网传输，必须采用公网时只能采集不能控制，两个大区的数据需要物理隔离。

综上所述，配电通信网的设计需要根据各种配电网业务的需要，结合通信技术的发展，合理选择技术成熟、经济、安全、实用的通信方式。随着智能配电网建设进一步深化，对通信信息量的实时性、可靠性将提出更为严格的要求，应优先选择具有以太网技术和光纤技术的通信方式。考虑到 EPON 网络拓扑具有多样性、高速率、适用于 IP 业务、无源光器件、保护多样性、终端设备成熟等优点，且对未来配电网业务应用具有更强的适应性，优先推荐 EPON 技术方案。

2. 选用中压配电线载波通信技术的依据和原则

目前，很多地区供电公司实施的 10kV 管道内已敷设了电力通信网的主网光缆，但空闲纤芯不多，不能满足配电数据通信网所需的纤芯数量。

考虑到一方面有些地区无法开挖铺设光缆，无法实施光通信方案；另一方面有些站点采集的信息量较少，出于投入成本考虑，可采用中压载波通信方式或者无源光 EPON＋中压载波通信方式实施。

目前，国内的新型载波通信设备（例如，南瑞 PLC‑075 系列电力线数据传输装置）性能非常稳定、可靠，中压载波通信方式已在上海、天津、厦门、新疆、东莞和深圳的配网通信中普遍使用，从运行效果看，采用无源光 EPON＋中压载波通信方式是效果最好的方案。中压载波通信技术有架空线路的配电线载波通信技术、电缆屏蔽层载波通信技术和电缆—架空线路混合载波通信技术。架空线路载波通信耦合方式采用电容耦合技术，电缆线路采用卡接和注入式电感耦合方式。

3. 选用无线专网和无线公网通信技术的依据和原则

无线通信技术包括无线公网与无线专网技术，无线公网主要指 GPRS、CDMA 等需要移动运营商支撑的技术，在用电信息采集中已广泛应用，其缺点是需要一定的运营费用，信息采集实时性难以保障，在信息安全上难以满足电力二次系统安全防护的相关规定，尤其是实现三遥中的遥控操作时有较大的信息安全隐患，因此在配电自动化通信系统中，无线公网技术不允许作为三遥应用。无线专网技术包括 WiFi、蓝牙、ZigBee 等短距离无线通信技术以及 WiMAX、McWill、LTE 等新兴技术。223～231MHz 频段是国家无线电管理委员会统一分配给电力系统，作为电力负荷控制通信使用。目前，230MHz 无线专网应用了一些新技术，例如 OFDM 调制技术，将多个频段组合一起，形成一个宽带传输模式，改善 230MHz 无线专网现存的缺点，如传输速率低、实时性差、管理能力差、系统容量小、组网能力弱等。因此，无线专网，特别是采用新技术的 230MHz 无线专网可以作为配网通信接入网一种可选的方式。

4. 建立配网通信系统智能综合监测和网管系统

配网通信系统智能综合监测和网管系统目的是在线实时监测配电自动化通信系统通信设备的工作状态、交换系统、通信电源、机房环境状态、本地和远程的无源光通信网管系统等。

4.5.2 配网通信系统网络架构

1. 骨干层通信建设要求

主站至变电站通信属于骨干层，先期配用电数据流量较少时，主站至变电站的通信网络选用已建成的 SDH 光纤传输网扩容的方式，在 SDH 网中配置一个专用虚拟网传输配电数据；用电数据在原有 MIS 网中传输，以后在视频监控、智能用电等业务逐步推广，数据流量迅速增长时，要考虑建设一个高带宽的城域数据网。

在主站层，配置智能综合监测网管平台，支持多种通信设备统一接入、统一监控和网管。主要包括用户管理、业务管理、故障管理、性能管理、拓扑管理、日志告警管理、安全管理等各种要求，支持 SNMP 和北向接口，支持多用户操作和访问控制，支持数据库备份、恢复和拷贝功能，支持任意拓扑、设备自动发现、日志等各种功能，支持设备批量升级功能，支持 NMS 访问服务的可扩展性、一致性和易操作性等。

2. 接入层通信建设要求

变电站至配电终端属于接入层，选择实时可靠性高、扩展性好的 EPON 光纤专网技术。ONU 终端设备选用双 PON 口设备实现全保护自愈；ONU 设备采用工业级设备，以满足较恶劣的现场运行环境。考虑到信息安全隔离要求，EPON 系统将配置双套，分别传输生产大区信息和管理大区信息，从而实现两个大区信息完全物理隔离，符合安全隔离规定。ONU 设备配置在配电终端处（开闭所、环网柜、分支箱、柱上开关、配变、杆变、台变），实现配电终端设备信息上传至变电站。OLT 设备配置在变电站内，实现变电站信息汇集上传至主站。

变电站至开闭所、环网柜配电终端的通信网络，实现配电子站到配电终端之间的通信，称为接入层通信网络。目前配电自动化项目主要采用无源光 EPON 专网建设实施方案。考虑到有些地区无法开挖或者信息量较少，出于投入成本考虑，也建议可采用中压载波通信方式或者无源光 EPON＋中压载波通信方式。

4.5.3 配网通信系统的典型实现方式

多种通信接入方式混合组网技术在电力系统已有广泛应用，光与载波通信融合技术在天津、上海和深圳等配电自动化系统已经试点成功，取得较好的应用效果。光与无线通信融合技术在大连等地配电自动化系统已有试点成功的应用报告。本章在总结目前配电自动化试点项目中采用多种通信方式模式的基础上，重点介绍光通信、载波通信和无线通信技术融合的混合组网体系结构，提出不同场景下的配电自动化多种通信方式混合的典型应用。

1. 无源光 EPON＋中压载波通信方式的混合组网典型设计

无源光 EPON 和电力线载波的融合组网技术是充分发挥无源光 EPON 和电力线载波方式各自的优点。在配电网线路中，如已部分铺设光缆，尚有部分线路暂无电缆，从节约成本、降低施工难度考虑，可因地制宜地采用 EPON＋PLC 组合型组网方案。

EPON 通信系统采用 P2MP 方式组网，局端设备是光线路终端（OLT），一般位于110kV 或 35kV 变电站，终端设备是光网络单元（ONU），一般位于光缆可以敷设到的10kV 站点，对于部分光缆难以敷设到的 10kV 站点，可以在 EPON 系统的基础上，利用载波通信方式进行延伸。载波通信也是采用 P2MP 方式组网，主载波机位于光缆已敷设到的 10kV 站点，与 ONU 通过数据接口相连，从载波机位于光缆无法敷设到的 10kV 站点。此方案充分发挥了 EPON 通信技术的优势，对于 EPON 系统覆盖到的 10kV 站点，不仅可实现稳定的三遥操作，甚至可实现语音、视频等高级业务；主载波机与从载波机都位于 10kV 站点，通信距离大大缩短，可充分发挥载波通信成本低、施工方便的优势，实现稳定的三遥操作。

图 4.2 是一个典型配电线路结构图，变电站直接连接配电站和开关站，开关站再向下延伸至配电站。对于开关站延伸至配电站配电结构，案例分别选择一个典型的辐射和环网结构。其典型设计案例如图 4.3。

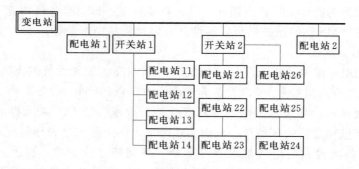

图 4.2 一种典型的配电线路结构

已有光纤部分利用 EPON 完成光通信，在变电站放置 OLT，在配电站和开关站分别放置 ONU 和 ONU＋载波一体化装置，实现光载波通信融合混合组网。在开关站到下级配电站之间暂无光纤通道，可利用 PLC 组网完成通信接入网的延伸。在开关站 1 和开关站 2 中，配置 ONU 和 PLC 主载波一体化设备。案例包含两个载波逻辑网络 1 和 2，载波逻辑网络 1 实现辐射结构的载波通信接入网，在配电站 11、配电站 12、配电站 13 和配电站 14 分别放置 PLC 从载波机。载波逻辑网络 2 实现环网结构的载波通信接入网，在配电站 21、配电站 22、配电站 23 和配电站 24 分别放置 PLC 从载波机。载波组网协议是采用

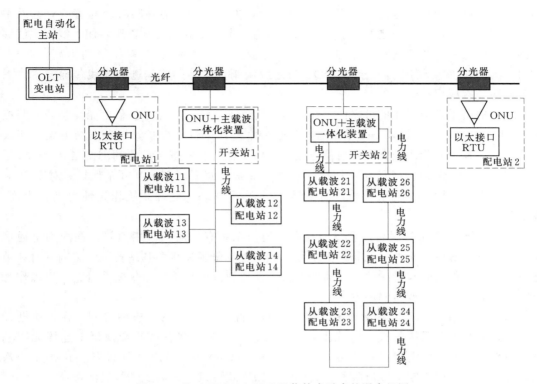

图 4.3　基于 EPON＋PLC 通信技术融合的混合组网

主从轮询方式，即主问从答方式。在配电自动化系统运行过程中，配电自动化主战可以对两个载波逻辑网络并行轮询，对从载波机仍然采用主从轮询方式机，这种方式可减少轮询时间，提高通信的实时性。采集的信息通过载波通道上送到开关站处的主载波，主载波机通过 RS232 串口与 ONU 连接再经光通信接入网汇集至变电站 OLT，再上传至配电自动化主站，完成配电站和主站之间的混合通信。

2. 基于无源光 EPON＋无线通信技术融合的混合组网典型设计

光纤通信在带宽以及 QoS 保证上与无线通信系统相比有着先天性的优势。以太无源光网络（EPON）可以支持最大上下行各 1Gbibt/s 的带宽，并可以提供非常优秀的分级 QoS 保证。但由于光纤通信在传输介质上的限制，使其无法像无线通信那样为用户提供可移动的无处不在的接入方式。

无源光 EPON 和无线通信技术融合的混合组网方案是一种结合了光接入网和无线接入网各自优势的混合型网络。它既具有无线接入网灵活、易组网、铺设经济等优点，又具有光接入网高带宽、低损耗、长距离、高可靠性的优势，且性价比极高，是一种极具应用前景的"最后一公里"解决方案。

基于 EPON 和无线融合架构的方案具有以下优点：

（1）在标准的 WLAN 架构中，无线资源管理集中在各个基站端，不同基站的无线资源管理信息不能及时相互交流，这样系统就不能高效运行。在光无线融合系统中，OLT 管理所有基站的无线资源，将多个分布在不同区域的单个小无线网构成一个统一管理的光无线融合的混合网络。这时，OLT 相当于一个集中控制器，能够实时地知道所有基站中的无线资源信息，通过一定的算法实时动态的为各个基站分配无线资源，使无线资源能够得到充分的利用，使负载在各个基站间保持平衡，这样系统效率就能得到提高。此外，OLT 能够根据实际情况，结合 MIMO、自适应调制技术等一些先进的无线传输技术，系统效率还会有所提高。

（2）提高了无线网通信可靠性。在现有的无线网络中，基站不提供冗余保护或者只提供 1+1 保护。也就是说，一个基站需要冗余一个基站来进行保护，这种冗余方案是不太经济的，在基于光无线融合混合通信方案中，由于把所有的基站设备的网络层和 MAC 层都移到了 OLT 端实现，很容易实现 $N+1$ 冗余保护，而不用 $N+N$ 冗余保护。对于 N 个基站，只需要共用一个冗余基站，而不是冗余 N 个基站。这样系统稳定性得到了提高，成本降低了。

基于 EPON 和无线融合混合组网在电力通信系统有广泛的应用前景。在配用电通信系统中的应用解决了光缆铺设和开挖难题，同时也克服了无线多基站转跳的传输延时和带宽不足问题。作为光与无线的专网通信方式，能够很好解决信息通信安全难题，可以作为公网无线通信的一种替换解决方案。

图 4.4 为基于 EPON 和无线融合混合组网在配电自动化系统应用案例。在该典型设计中，光无线融合系统的接入方式主要有两种：一种是直接在核心交换机上连接无线基站，为终端用户提供空中接口服务；另一种是在 xPON 网络的 ONU 设备上连接无线基站，为终端用户提供空中接口服务。具体的连接方式可以根据需要进行灵活选择。

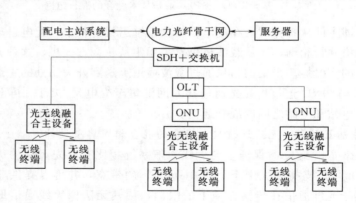

图 4.4　基于 EPON 和无线融合技术组网示意图

该方案实现 IP 组网相对简单，可为每一个基站空口分配一个 IP 子网，IP 子网的大小取决于基站最多接入的终端数目。

4.6　配电自动化通信系统的安全防护

智能电网信息安全防护的总体目标是结合智能电网业务发展要求和信息安全等级保护要求，采取适用的安全技术，提高智能电网信息安全防护水平，强化信息安全防护能力，提升信息安全自主可控能力，防止电网智能终端被恶意控制，防止关键业务信息系统数据或信息被窃取或被篡改，防止网络被恶意渗透或被监听，确保不发生因信息安全引发的电网事故和大面积停电事故，确保不发生公司商业秘密或用户敏感信息丢失和泄漏，确保智能电网数据通信安全，确保接入信息网络安全，确保大量用户访问智能电网相关业务系统和数据处理安全，确保系统运行安全，实现智能电网信息安全风险可控、能控、在控。

智能电网具有信息化、自动化、互动化等特征，涵盖了发电、输电、变电、配电、用电、调度、信息、通信、跨环节以及综合示范等领域。

防护对象为部署于管理信息大区和生产控制大区的输电、变电、配电、用电、调度、跨环节相关业务系统和通信网络，涉及远程控制类、信息采集处理类、互联网应用类系统和采用无线专网或运营商虚拟专网接入公司网络的网络传输类应用。管理信息大区主要包括输变电设备状态在线监测系统、用电信息采集系统、智能小区等。生产控制大区主要包括配电自动化系统等，以及相关通信和调度数据网络。

4.6.1 引用标准

按照电监安全〔2006〕34 号文件有关安全规定，配电自动化业务属于生产控制大区，一部分为控制区（安全区Ⅰ）业务，另一部分属于非控制区（安全区Ⅱ）业务，此外，配电自动化业务还需要符合国家电网公司关于信息安全的相关管理规定。在设计配电自动化的信息安全方面，必须遵循的标准和管理规定如下：

（1）《国家电网公司智能电网信息安全防护总体方案（试行）》（国家电网信息〔2011〕1727 号）。

（2）《信息安全等级保护管理办法》（公通字〔2007〕43 号）。

（3）《国家电网公司信息化"SG 186"工程安全防护总体方案》（国家电网信息〔2008〕326 号）。

（4）《关于加强智能电网信息安全工作的通知》（国家电网信息〔2011〕821 号）。

（5）《电力二次系统安全防护总体方案》（电监安全〔2006〕34 号）。

（6）《关于加强配电网自动化系统安全防护工作的通知》（国家电网调〔2011〕168 号）。

（7）《信息安全技术 信息系统安全等级保护基本要求》（GB/T 22239—2008）。

（8）《网络与信息系统安全隔离实施指导意见》。

4.6.2 配电自动化信息安全典型实现方式

整体防护方案参考国家电网调〔2011〕168 号通知，根据 168 号通知中要求："无论采用何种远程通信方式，配电自动化系统应该支持基于非对称密钥技术的单向认证功能，主站下发的遥控命令应带有基于调度证书的数字签名，子站侧或终端侧应能够鉴别主站的数字签名。各单位应当尽快开展配电自动化系统主站及终端设备的升级改造工作。"

针对智能电网配电自动化系统采集终端的实际情况，安全防护及安全接入可分为 3种：一种是可以软件改造的终端，采用软加密实现方式；另一种是无法改造的终端通过外接安全通信模块实现防护；最后对于未来新上配电自动化终端采用内置安全芯片的方式实现安全防护。图 4.5 为配电自动化系统安全防护典型实现方式。

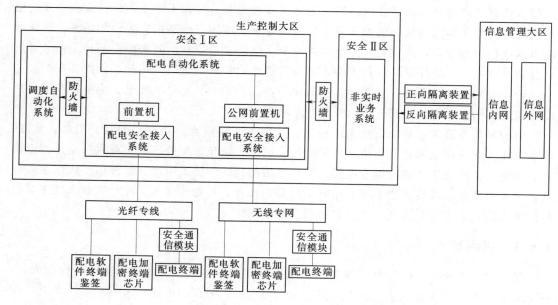

图 4.5　配电自动化系统安全防护典型实现方式

信息安全典型实现方式主要考虑如下关键因素：

（1）针对满足软件安全改造条件的终端，采用软件鉴签方式实现安全防护。参考国家电网调〔2011〕168号通知，针对配电网系统子站数量大、控制命令间隔时间长等特点，必须采用基于非对称密钥技术的单向认证措施，实现远方控制命令的有效鉴别及加密传输。子站仅上传遥信、遥测数据，入侵者不可能通过上行数据注入病毒、穿越调度端前置机进入调度系统网络。主站采用硬件实现，子站终端采用软件实现。主要采用SM2算法实现如下描述的3种技术手段对终端进行软件改造。

（2）针对不具备软件升级改造的终端采用通过外接安全通信模块实现安全防护。针对现场配电终端不具备安全改造条件，采用安全通信模块，用作配电自动化系统终端的通信中间件。通过外接安全通信模块的方式，除了实现对通信方面的安全之外，还需加强对安全通信模块的安全加固。

（3）针对未来新上终端采取在终端内部集成安全加密芯片的方式实现安全防护。通过在配电终端上内置安全套件，加装支持国密局SM1、SM2算法的安全芯片和安全专控软件实现与配电终端的集成，通过在安全套件中嵌入数字证书，实现对监测终端进行高强度身份认证，利用安全套件的专用商密算法芯片，实现对关键数据的加密存储以及传输，监测终端信息的安全性、完整性和不可抵赖性。

（4）安全接入认证。在主站前置子系统前部署配网安全接入网关，对前置子系统下发的报文进行签名。

第 5 章

馈线自动化

按照故障处理方式的不同，馈线自动化系统可以分为自动化开关相互配合的馈线自动化和集中智能馈线自动化两类。自动化开关相互配合的馈线自动化系统不需要配电自动化主站参与就能完成故障处理，但是只能在故障发生时起作用，而且故障处理过程严格按照事先的整定进行。集中智能馈线自动化系统需要建设通信网络并在配电自动化主站控制下进行故障处理，不仅可以在故障发生时起作用，而且在正常运行时也可以对配电网进行监控，其故障处理策略也可以根据实际情况自动调整。

我国配电网一般采用中性点非有效接地方式，发生单相接地后仍允许运行一段时间，但由于另外两相对地电压升高，威胁配电设备的绝缘，因此必须尽快查找出接地位置排除故障。但是，中性点非有效接地增添了配电网单相接地定位的困难。

本章论述自动化开关相互配合的馈线自动化和集中智能馈线自动化以及配电网单相接地故障定位的相关技术。

5.1 自动化开关相互配合的馈线自动化

在自动化开关相互配合的馈线自动化技术方面已经取得了许多成果，比如重合器与电压-时间型分段器配合的馈线自动化系统、重合器与过流脉冲计数型分段器配合的馈线自动化系统、合闸速断方式馈线自动化系统、重合器与电压-电流型分段器配合的馈线自动化系统、重合器与重合器配合的馈线自动化系统、分布智能快速自愈馈线自动化系统等。本节仅介绍前 3 种，其余技术可参阅相关参考文献。

5.1.1 重合器与电压-时间型分段器配合的馈线自动化系统

东芝公司的重合器与电压-时间型分段器配合的馈线自动化系统是无主站配电自动化系统的典型代表，具有造价较低、动作可靠等优点。

在重合器和电压-时间型分段器配合的馈线自动化系统中，配电线路电源开关采用具有两次重合功能的重合器，其第一次重合闸延时时间较长（典型为 15s），第二次重合闸延时时间较短（典型为 5s），分段开关和联络开关则采用电压-时间型分段器。

电压-时间型分段器由开关本体（SW）、两个单相电源变压器（SPS）和故障检测继电器（FDR）组成，如图 5.1 所示。

电压-时间型分段器一般有两套功能，一套是面向处于常闭状态的分段开关，另一套是应用于处于常开状态的联络开关。这两套功能可以通过一个操作手柄相互切换。

作为分段开关使用的电压-时间型分段器应设置在第一套功能。当分段器两侧失压后，

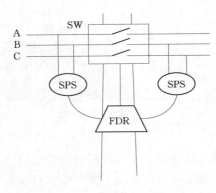

图 5.1 电压-时间型分段器的组成

分段器分闸；当检测到分段器的一侧得电后启动 X 计数器，在经过 X 时限规定的延时时间后令分段器合闸，同时启动 Y 计数器，若在计满 Y 时限规定的时间以内该分段器又失压，则该分段器分闸并被闭锁在分闸状态，待下一次再得电时也不再自动合闸。

作为联络开关使用的电压-时间型分段器应设置在第二套功能。当 FDR 检测到分段器任何一侧失压时启动 X_L 计数器，在经过 X_L 时限规定的延时时间后令分段器合闸，同时启动 Y_L 计数器，若在计满 Y_L 时限规定的时间以内该分段器的同一侧又失压，则该分段器分闸并被闭锁在分闸状态，待下一次再得电时也不再自动合闸。若在 X_L 时限内，失压侧又恢复供电，则该分段器复归。

故障发生时，作为电源开关的重合器跳闸，随后沿线分段器因失压而分闸，经延时后重合器第一次重合，作为分段开关的电压-时间型分段器在一侧带电后延时 X 时限自动合闸，当合到故障点时，引起重合器和分段器第二轮跳闸，并由于与故障区段相连的分段器维持合闸时间未超过 Y 时限，而将其闭锁在分闸状态。经一段延时后，重合器第二次重合即可恢复故障线路电源侧的健全区段供电。

故障发生时，作为联络开关的电压-时间型分段器的故障侧失压，经过 X_L 时限后自动合闸，恢复故障线路非电源侧的健全区段供电。若联络开关合到故障点，则会引起对侧线路重合器跳闸，随后沿线分段器因失压而分闸，因联络开关两侧带电时间未超过 Y_L 时限，则该联络开关闭锁在分闸状态而不再合闸。

此外，所有分段器在 X 时限或 X_L 时限内若检测到其两侧均带电时则禁止合闸并返回，从而避免配电网闭环运行。

图 5.2 给出了一个采用重合器与电压-时间型分段器配合的典型辐射状配电网的故障处理过程。A 采用重合器，整定为一慢一快，即第一次重合时间为 15s，第二次重合时间为 5s。B 和 D 采用电压-时间型分段器，它们的 X 时限均整定为 7s，C 和 E 亦采用电压-时间型分段器，其 X 时限均整定为 14s，Y 时限均整定为 5s。分段器均设置在第一套功能。图 5.2 中 A 为变电站出线开关，B、C、D、E 为馈线开关，实心代表合闸状态，空心代表分闸状态。

图 5.2（a）描述该辐射状网正常工作的情形；图 5.2（b）描述在 d 区段发生永久性故障后，重合器 A 跳闸，导致线路失压，造成分段器 B、C、D 和 E 均分闸；图 5.2（c）描述事故跳闸 15s 后，重合器 A 第一次重合；图 5.2（d）描述又经过 7s 的 X 时限后，分段器 B 自动合闸，将电供至 b 区段；图 5.2（e）描述又经过 7s 的 X 时限后，分段器 D 自动合闸，由于 d 段存在永久性故障，再次导致重合器 A 跳闸，从而线路失压，造成分段器 B 和 D 均分闸，由于分段器 D 合闸后未达到 Y 时限（5s）就又失压，该分段器将被闭锁；图 5.2（f）描述重合器 A 再次跳闸后，又经过 5s 进行第二次重合，分段器 B、C 依次自动合闸，而分段器 D 因闭锁保持分闸状态，从而隔离了故障区段，恢复了健全区段供电。

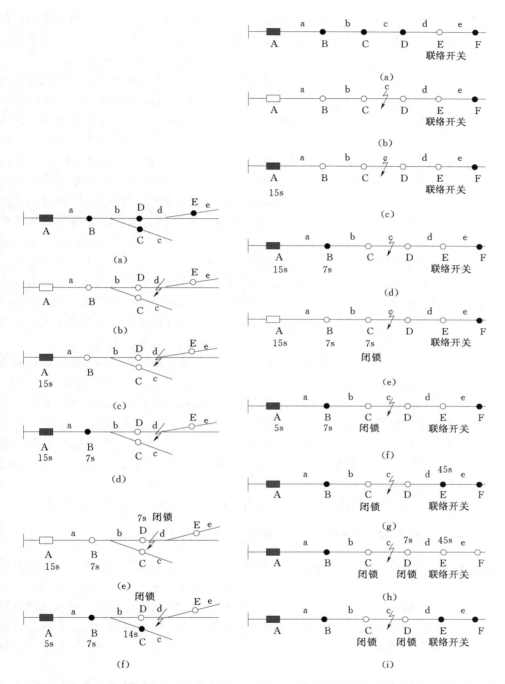

图 5.2　辐射状网故障区段隔离的过程　　图 5.3　环状网开环运行时故障区段隔离的过程

　　图 5.3 为一个典型的开环运行的环状网在采用重合器与电压-时间型分段器配合时，隔离故障区段的过程示意图。图 5.3 中，A 采用重合器，整定为一慢一快，即第一次重合时间为 15s，第二次重合时间为 5s。B、C 和 D 采用电压-时间型分段器并且设置在第一套

功能，它们的 X 时限均整定为 7s，Y 时限均整定为 5s；E 亦采用电压-时间型分段器，但设置在第二套功能，其 X_L 时限整定为 45s，Y 时限均整定为 5s。图 5.3 中 A 为变电站出线开关，B、C、D、E、F 为馈线开关，实心代表合闸状态，空心代表分闸状态。

图 5.3（a）为该开环运行的环状网正常工作的情形；图 5.3（b）描述在 c 区段发生永久性故障后，重合器 A 跳闸，导致联络开关左侧线路失压，造成分段器 B、C 和 D 均分闸，并启动分段器 E 的 X_L 计数器；图 5.3（c）描述事故跳闸 15s 后，重合器 A 第一次重合；图 5.3（d）描述又经过 7s 的 X 时限后，分段器 B 自动合闸，将电供至 b 区段；图 5.3（e）描述又经过 7s 的 X 时限后，分段器 C 自动合闸，此时由于 c 段存在永久性故障，再次导致重合器 A 跳闸，从而线路失压，造成分段器 B 和 C 均分闸，由于分段器 C 合闸后未达到 Y 时限（5s）就又失压，该分段器将被闭锁在分闸状态；图 5.3（f）描述重合器 A 再次跳闸后，又经过 5s 进行第二次重合，随后分段器 B 自动合闸，而分段器 C 因闭锁保持分闸状态；图 5.3（g）描述重合器 A 第一次跳闸后，经过 45s 的 X_L 时限后，分段器 E 自动合闸，将电供至 d 区段；图 5.3（h）描述又经过 7s 的 X 时限后，分段器 D 自动合闸，此时由于 c 段存在永久性故障，导致联络开关右侧的线路的重合器跳闸，从而右侧线路失压，造成其上所有分段器均分闸，由于分段器 D 合闸后未达到 Y 时限（5s）就又失压，该分段器将被闭锁；图 5.3（i）描述联络开关以及右侧的分段器和重合器又依顺序合闸，而分段器 D 因闭锁保持分闸状态，从而隔离了故障区段，恢复了健全区段供电。

可见，当隔离开环运行的环状网的故障区段时，要使联络开关另一侧的健全区域所有的开关都分一次闸，造成供电短时中断，这很不理想。制造公司就这个问题作出了改进，提出了分段器的残压闭锁功能。具体作法是处于分闸状态的分段器或联络开关，若检测到其任何一侧电压由无压升高到超过最低残压整定值，并在持续一定的时间（大于 150ms）后消失，该分段器或联络开关将闭锁于分闸状态。这样在图 5.3（e）中，开关 D 就会被闭锁，从而在图 5.3（g）中，只要合上联络开关 E 就可完成故障隔离，而不会发生联络开关右侧所有开关跳闸再顺序重合的过程。

关于重合器与电压-时间型分段器方式馈线自动化系统的整定参阅参考文献 [5]。

5.1.2 重合器与过流脉冲计数型分段器配合的馈线自动化系统

过流脉冲计数型分段器通常与前级的重合器或断路器配合使用，它不能开断短路电流，但有在一段时间内记忆前级开关设备开断故障电流动作次数的能力。在预定的记录次数后，在前级的重合器或断路器将线路从电网中短时切除的无电流间隙内，过流脉冲计数型分段器分闸达到隔离故障区段的目的。若前级开关设备未达到预定的动作次数，则过流脉冲计数型分段器在一定的复位时间后会清零而恢复到预先整定的初始状态，为下一次故障做好准备。

以图 5.4 所示的树状网为例，说明重合器与过流脉冲计数型分段器配合隔离永久性故障区段的过程，图 5.4 中 A 为变电站出线开关，B、C 为馈线开关，实心代表合闸状态，空心代表分闸状态。

图 5.4 中，A 采用重合器，B 和 C 采用过流脉冲计数型分段器，它们的计数次数均整定为两次。

图 5.4（a）为该辐射状网正常工作的情形；图 5.4（b）描述在 b 区段发生永久性故障后，重合器 A 跳闸，分段器 B 计过电流一次，由于未达到整定值（两次），因此不分闸而保持在合闸状态；图 5.4（c）描述经一段延时后，重合器 A 第一次重合；图 5.4（d）描述由于再次合到故障点处，重合器 A 再次跳闸，并且分段器 B 的过流脉冲计数值会达到整定值两次，因此分段器 B 在重合器 A 再次跳闸后的无电流间隙内分闸；图 5.4（e）描述又经过一段延时后，重合器 A 进行第二次重合，而分段器 B 保持分闸状态，从而隔离了故障区段，恢复了健全区段供电。

若在 b 区段发生瞬时性故障，重合器 A 跳闸，分段器 B 计过电流一次，由于未达到整定值（两次），因此不分闸而保持在合闸状态；经一段延时后，暂时性故障消失，重合器 A 重合成功恢复了系统供电，在经过一段确定的时间以后，分段器 B 的过电流计数值清除，又恢复到其初始状态。

显然，为了实现故障隔离过程中的相互配合，离电源最近的过流脉冲计数型分段器分闸所需的脉冲数会随着馈线上分段开关数的数目的增加而增多，对系统和设备造成短路冲击的次数也增多，这一点严重影响了重合器与过流脉冲计数型分段器配合的馈线自动化系统的应用。

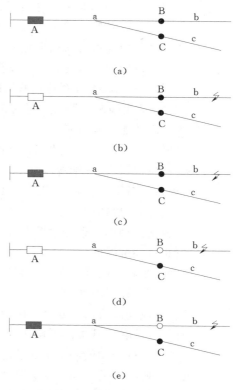

图 5.4　重合器与过流脉冲计数型分段器配合隔离永久性故障区段的过程

目前，一般不单独采用重合器与过流脉冲计数型分段器构成馈线自动化系统，而是将过流脉冲计数型分段器作为一种"看门狗"用于用户开关或分支开关。当主干线发生故障后，采用其他方法进行故障定位、隔离与恢复供电；当用户（或分支线）故障时，首先由主变电站 10kV 出线开关跳闸切除故障，沿线开关可以采用负荷开关，故障后维持在合闸状态，用作"看门狗"的过流脉冲计数型分段器的过流脉冲记数整定值可整定为一次，当用户（或分支线）故障时它将在馈线失电期间分闸隔离故障，随后主变电站 10kV 出线开关重合恢复健全区域供电。若需要考虑用户（或分支线）发生瞬时故障时，只需将用作"看门狗"的过流脉冲计数型分段器的过流脉冲计数整定值整定为两次即可。

5.1.3　合闸速断配合的馈线自动化系统

重合器与电压-时间型分段器配合的馈线自动化系统虽然能够满足馈线自动化的要求，但是故障处理时间较长，故障区段的对侧开关需要依靠残压闭锁，但残压闭锁并非绝对可靠，一旦失效则会导致对侧正常线路全线失压后再经过一轮重合才可恢复供电，而且这种模式一般只适用于小规模的简单配电网。

本节介绍一种基于合闸速断方式的馈线自动化系统，仅需一次重合即可隔离故障区域。

合闸速断方式的馈线自动化系统不需要建设通信网络和主站，也不需要蓄电池，因此开关的控制器可以做地很紧凑，甚至可直接与开关的本体安装在一起。

1. 合闸速断方式的馈线自动化系统的配置

变电站 10kV 出线断路器具有延时速断保护（延时时间为 200~300ms）、过流保护和一次快速重合闸功能（延时时间为 0.5s）。沿线开关采用断路器，并具有如下功能：

（1）分段开关设置在Ⅰ套功能，具体包括：

1）两侧失压后自动分闸功能。

2）一侧带电后延时合闸功能，延时时间 t_1 可整定。

3）合闸速断保护功能为处于分闸状态的开关在合闸瞬间开放速断保护功能，若该开关合闸时速断保护动作导致开关再次跳闸，则该开关闭锁在分闸位置；若合闸后开关稳定在合闸位置超过规定时间 t_y（一般 t_y 为 1~2s），则关闭速断保护。

4）处于分闸状态的开关在检测到两侧均带电时严禁合闸。

（2）联络开关设置在Ⅱ套功能：

1）开关一侧失压后启动延时合闸计数器，当到达事先整定的延时时间 $t_Ⅱ$ 时，则联络开关自动合闸。若联络开关两侧均恢复供电并且稳定时间大于 3s 则返回。

2）合闸速断保护功能同第Ⅰ套功能。

3）处于分闸状态的开关在检测到两侧均带电时严禁合闸。

（3）变电站出线的第一个开关除具有上述Ⅰ套功能外，还可选择增加变电站出线侧带电禁止合闸功能，防止对侧变电站电流反送。

2. 合闸速断配合的馈线自动化系统的原理

下面以实例说明合闸速断配合的馈线自动化系统的原理，如图 5.5 和图 5.6 所示，图 5.5 和图 5.6 中 CB1、CB2 为变电站出线开关，B、C、D、E、F、G、H 为馈线开关，实心代表合闸状态，空心代表分闸状态。

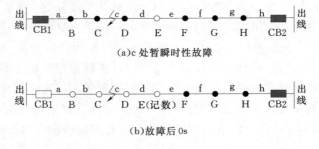

(a) c 处暂瞬时性故障

(b) 故障后 0s

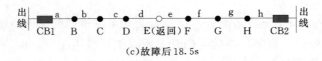

(c) 故障后 18.5s

图 5.5 合闸速断配合的瞬时性故障的处理过程

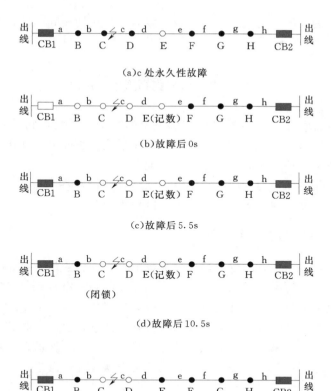

(a)c处永久性故障

(b)故障后0s

(c)故障后5.5s

(闭锁)

(d)故障后10.5s

(e)故障后25s

图 5.6 合闸速断配合的永久性故障处理过程

对于图 5.5（a）和图 5.6（a）所示的实例，CB1 和 CB2 为变电站的 10kV 出线开关，B、H、C、D、F 和 G 为分段开关，E 为联络开关。

B、H、C、D、F 和 G 开关设置在 I 套功能，其 t_I 整定为 5s，t_y 整定为 2s；E 开关设置在 II 套功能，其 t_{II} 整定为 20s，t_y 整定为 2s。

假如在 c 区域发生瞬时性故障，则 CB1 因延时速断保护动作而分闸，随后 B、C 和 D 因失压而分闸，E 的合闸计数启动，如图 5.5（b）所示。0.5s 后 CB1 重合将电送到 B，再经过 5s 后 B 合闸将电送到 C，再经过 5s 后 C 合闸将电送到 D，再经过 5s 后 D 合闸，3s 后 E 也因两侧带电而返回，供电得到恢复，如图 5.5（c）所示。

假如在 c 区域发生永久性故障，则 CB1 因延时速断保护动作而分闸，随后 B、C 和 D 因失压而分闸，E 的合闸计数启动，如图 5.6（b）所示。0.5s 后 CB1 重合将电送到 B，再经过 5s 后 B 重合将电送到 C 且 2s 后 B 速断保护关闭，如图 5.6（c）所示。再经过 5s 后 C 合闸，由于合到故障上而导致合闸速断保护动作跳闸，开关 C 闭锁在分闸状态，如图 5.6（d）所示。故障后 20s，E 因延时时间到而合闸，将电送到 D 且 2s 后 E 速断保护关闭，再经过 5s 后 D 合闸，由于合到故障上而导致合闸速断保护动作跳闸，开关 D 闭锁在分闸状态，因 CB2 为延时速断保护，因此 CB2 保护不动作，至此实现了故障隔离和健全区域恢复供电，如图 5.6（e）所示。

合闸速断配合的馈线自动化系统的整定可以转化为线性规划问题，具体可参阅参考文献 [8]。

5.2　集中智能馈线自动化

集中智能馈线自动化系统是配电自动化系统的一个子系统，它是基于配电自动化主站、通信网络、配电自动化终端构成的配电自动化系统，由配电自动化主站根据所采集到的故障信息实现故障定位、隔离和恢复供电功能。

关于配电自动化主站、通信网络和配电自动化终端已经在本书第 3 章和第 4 章论述，本节主要讨论集中智能馈线自动化系统若干关键技术问题。

5.2.1　集中智能故障定位基本原理

在电源保障、通信通道、配电自动化终端、配电自动化主站系统、互感器和开关辅助接点等都在可靠工作的情况下，故障发生后主站可以收到配电自动化终端发来的两相（有的是三相）故障电流信息（有的装置可以发送故障功率方向甚至故障功率信息），还可以收到配电自动化终端发来的开关状态（合闸或分闸）信息，也可以收到变电站自动化系统通过地区电网调度自动化系统发来的变电站开关状态、保护动作信息、重合闸动作信息以及母线零序电压信息等。配电自动化主站系统就是根据上述信息进行基于集中智能故障定位的。

将由开关或末梢点围成的、其中不再包含开关的子网络称作最小配电区域（简称区域），这些开关称为其端点。最小配电区域是配电网中所能隔离的最小单元，也是负荷转移的最小单元。集中智能故障定位是以区域为单位进行的。

故障处理启动条件为：收到某开关的保护动作信息（或上报故障信息）并且该开关同时跳闸。判据如下：

（1）判据一。对于只有一个电源点的开环运行配电网，仅仅根据故障电流的分布就能实现故障定位，因此可以只配备电流互感器 TA，而不配置电压互感器 TV（作为终端、通信和操作电源取能用除外），终端中只需要判断出是否经历了故障电流即可，而不需要测量故障电流值。故障区域的特征是该区域有且只有一个端点经历了故障电流。

例如对于图 5.7 所示的配电网，1 是变电站出线开关，当开关 4、开关 5、开关 6 围成的区域内发生故障时，开关 1、开关 2 和开关 4 会经历故障电流，其余开关不经历故障电流。对于由开关 1、开关 2 围成的区域，其端点开关 1 和开关 2 都经历了故障电流，因此故障不在该区域中，对于由开关 2、开关 3、开关 4 围成的区域，其端点开关 2 和开关 4 都经历了故障电流，因此故障不在该区域中。对于由开关 4、开关 5、开关 6 围成的区域，其端点开关 4 经历了故障电流，而其他端点均未经历故障电流，因此故障就在该区域中。

（2）判据二。对于多电源点的闭环配电网（包括含分布式电源的配电网），需要根据故障功率方向分布实现故障定位，因此必须配备电流互感器 TA 和电压互感器 TV。故障区域的特征是该区域的所有经历故障电流的端点的故障功率方向都指向区域内部。

实际上判据二对只有一个电源点的开环运行配电网也成立，因此是普适的，但是对单电源点的开环运行配电网，采用判据一更加简便。

例如图 5.8 中的闭环运行的配电网，1 和 8 为变电站出线开关，箭头表示故障功率的方向。对于开关 2、开关 3、开关 4 围成的区域，其端点开关 2、开关 3 和开关 4 经历故障电流，且流过其端点开关 2 和开关 3 的故障功率方向指向该区域的内部，而流过其端点开关 4 的故障功率方向指向该区域的外部，因此该区域内无故障。对于由开关 4 和开关 9 围成的区域，只有其端点开关 4 经历故障电流，且流过端点开关 4 的故障功率方向指向该区域的内部，因此故障在该区域内。

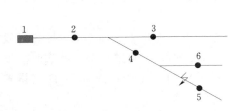

图 5.7　含有故障的单电源点开环运行配电网

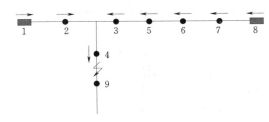

图 5.8　多电源点闭环配电网故障定位的例子

本节所论述的集中智能故障定位方法，对于配电自动化主站能够正确无误地收到所有的故障信息的情形是完全适用的。但是在少数情况下，由于配电设备、配电自动化系统和通信网络都是工作在户外恶劣环境下，容易发生漏报或错报故障信息的现象，需要研究非健全信息下的容错故障定位方法，本书不再对此进行论述，具体可参阅文献［12］、文献［13］和文献［14］。

5.2.2　继电保护与集中智能馈线自动化协调配合

5.2.2.1　继电保护与集中智能馈线自动化协调配合的可行性

配电网发生故障后，需要迅速切除故障电流。这个任务一般是由变电站出线断路器或具有自身保护功能的馈线开关完成的。

一些供电企业选择采用断路器作为馈线开关，期望在故障发生时，故障点上游离故障区域最近的断路器能够立即跳闸遮断故障电流，从而尽量避免整条线路受到故障的影响。但是在实际当中，故障发生后往往由于各级开关配合问题造成发生越级跳闸和多级跳闸等现象，而且由此往往对于永久性故障和瞬时性故障判别也带来困难。

为了避免上述现象，一些供电企业干脆采用负荷开关作为馈线开关，虽然解决了多级跳闸问题并为永久性故障和瞬时性故障判别提供了方便。但是无论馈线任何位置发生故障都引起全线短暂停电，因此存在用户停电频率高的问题。

随着馈线主干线电缆化和绝缘化比例的提高，主干线发生故障的机会显著减少，故障大多发生在用户支线。因此，一些供电企业在用户支线入口处配置了具有过电流跳闸和单相接地跳闸功能的"看门狗"开关，目的在于实现用户侧故障的自动隔离，防止用户侧事故波及到电力公司的配电线路，并确立事故责任分界点。

中压配电网各个开关之间的继电保护与配电自动化系统的协调配合是实现故障的选择性切除、减少故障切除过程中对用户造成的影响的关键。

现代电器技术和故障检测技术的发展，使得在不改变上级保护的整定值的前提下，采用弹簧储能操动机构或永磁操动机构，能够实现多级级差保护配合而不影响上级保护配合。

对于供电半径较长、分段数较少的开环运行农村配电线路，在线路发生故障时，故障位置上游各个分段开关处的短路电流水平差异比较明显时，可以采取电流定值与延时级差配合的方式（如 3 段式过流保护）实现多级保护配合，有选择性地快速切除故障。

对于供电半径较短的开环运行城市配电线路或分段数较多的开环运行农村配电线路，在线路发生故障时，故障位置上游各个分段开关处的短路电流水平往往差异比较小，无法针对不同的开关设置不同的电流定值，此时仅能依靠保护动作延时时间级差配合实现故障有选择性的切除。

为了减少短路电流对系统造成的冲击，变电站变压器低压侧开关（即 10kV 母线进线开关）的过流保护动作时间一般设置为 0.5～1.0s。首先对在 0.5s 的过流保护动作时间设置下的多级保护配合进行分析，为了不影响上级保护的整定值，需要在此 0.5s 内安排多级级差保护的延时配合。

目前，馈线断路器（弹簧储能操动机构）开关的机械动作时间一般为 30～40ms，熄弧时间 10ms 左右，保护的固有响应时间 30ms 左右，因此，馈线开关可以设置 0s 保护动作延时，在 100ms 内快速切断故障电流。若在馈线分支开关或用户开关配置过流脱扣断路器或熔断器，则具有更快的故障切除时间，但是分支线或用户侧熔断器需要人工恢复，不利于瞬时性故障处理。考虑一定的时间裕度，变电站 10kV 出线开关可以设置 200～250ms 的保护动作延时时间，与变电站变压器低压侧开关仍留有 250～300ms 的级差，能够确保选择性，从而实现两级级差保护配合。

考虑到对于变压器、断路器、负荷开关、隔离开关、线路以及电流互感器在设计选型时是根据后备保护（即变电站变压器低压侧开关的过流保护）的动作时间来进行热稳定校验的，而所建议的多级级差保护配合方案并没有改变后备保护的定值，因此不会对这些设备的热稳定造成影响。

在系统的抗短路电流承受能力较强的情况下，也可以适当延长变电站变压器低压侧开关的过流保护动作延时时间。如将其过流保护动作时间设置为 0.9s，并将弹簧储能操动机构的级差设置为 0.3s，则可实现三级保护配合。

当然，为了减少变电站 10kV 母线近端短路故障的影响，可以同时配备低电压瞬时保护或根据母线电压阈值整定瞬时速断保护电流定值。

5.2.2.2 继电保护与集中智能馈线自动化协调配合的典型方案及故障处理步骤

1. 两级级差保护配合与集中智能馈线自动化协调配合的典型方案

（1）两级级差保护配合下，线路上开关类型组合选取及保护配置的原则为：

1）主干馈线开关全部采用负荷开关。

2）用户开关或分支开关采用断路器。

3）变电站出线开关采用断路器。

4）用户断路器或分支断路器过流保护动作延时时间设定为 0s，变电站出线断路器设置适当的过流保护动作延时时间 Δt（如 0.3s），变电站变压器低压侧开关的过流保护动作延时时间设置为 $2\Delta t$（如 0.6s）。

（2）采用上述两级级差保护配置后，具有下列优点：

1）分支或用户故障发生后，相应分支或用户断路器首先跳闸，而变电站出线开关不跳闸，因此不会造成全线停电。

2）不会发生开关多级跳闸或越级跳闸的现象，因此故障处理过程简单，操作的开关数少，瞬时性故障恢复时间短。

3）主干线采用负荷开关相比断路器方式降低了造价。

例如，对于图5.9所示的采用两级级差保护的架空馈线，S_1、S_2为变电站出线开关（采用断路器）；B_1、B_2为断路器；A_1、A_2、A_3、A_4、A_5、A_6为负荷开关，实心代表合闸，空心代表分闸。当$A_2 \sim A_3$区域发生故障后S_1跳闸切除故障，当B_1以下分支线路发生故障后B_1跳闸切除故障。

2. 故障处理步骤

（1）主干线路上发生故障后的故障处理步骤。

1）架空馈线故障后的故障处理步骤为：①馈线发生故障后，变电站出线断路器跳闸切断故障电流。②经过0.5s延时后，变电站出线断路器重合，若重合成功则判定为瞬时性故障；若重合失败则判定为永久性故障。③主站根据收集到的配电终端上报的各个开关的故障信息判断出故障区域。④若是瞬时性故障，则将相关信息存入瞬时性故障处理记录；若是永久性故障，则遥控故障区域周边开关分闸以隔离故障区域，并遥控相应变电站出线断路器和联络开关合闸恢复健全区域供电，将相关信息存入永久性故障处理记录。

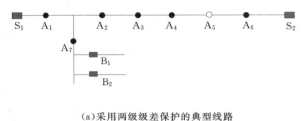

(a)采用两级级差保护的典型线路

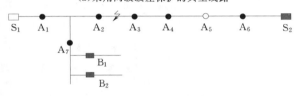

(b)$A_2 \sim A_3$区域发生故障后S_1跳闸切除故障

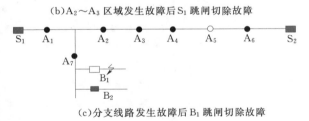

(c)分支线路发生故障后B_1跳闸切除故障

图5.9　两级级差保护下架空馈线的故障切除过程

2）电缆馈线故障后的故障处理步骤为：①馈线发生故障后即认定是永久性故障，变电站出线断路器跳闸切断故障电流。②主站根据收集到的配电终端上报的各个开关的故障信息判断出故障区域。③遥控相应环网柜中的故障区域周边开关分闸以隔离故障区域，并遥控相应变电站出线断路器和相应环网柜的联络开关合闸恢复健全区域供电，将相关信息存入永久性故障处理记录。

（2）在分支线路或用户处发生故障后，负荷开关与断路器组合馈线的故障处理过程为：

1）相应分支断路器或用户断路器跳闸切断故障电流。

2）若跳闸分支断路器或用户断路器所带支线为架空线路，则快速重合闸控制开放，经过0.5s延时后相应断路器重合，若重合成功则判定为瞬时性故障；若重合失败则判定为永久性故障。若跳闸分支断路器或用户断路器所带支线为电缆线路，则直接认定为永久性故障而不再重合。注意，对于合闸后储能的开关则不能开放重合闸功能。

例如对于图 5.10 所示的电缆单环网，S_1、S_2 和 $B_1 \sim B_{24}$ 开关采用断路器，$A_1 \sim A_{16}$ 开关采用负荷开关。因为主干线为全电缆线路，所以变电站出线断路器的重合闸控制全部关闭。在图 5.10 中，实心代表合闸，空心代表分闸。

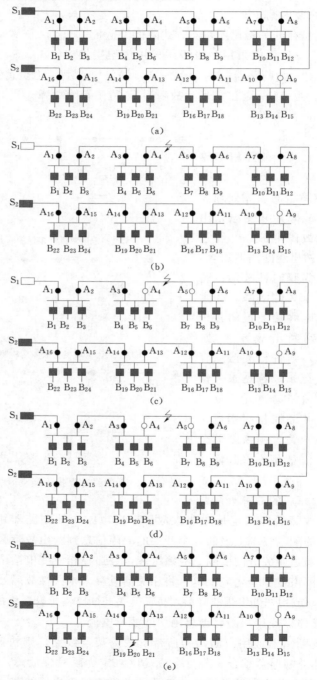

图 5.10　一个两级级差保护下电缆馈线的典型配置及故障处理过程

图 5.10 （a）给出了一个采用两级级差保护的电缆馈线的典型配置方案：主变电站 10kV 出线开关采用断路器，环网柜进线开关采用负荷开关，出线开关采用断路器。假设 $A_4 \sim A_5$ 之间馈线段发生永久性故障，断路器 S_1 跳闸切断故障电流，如图 5.10 （b）所示。主站根据配电终端上报的 S_1、$A_1 \sim A_4$ 开关流经故障电流、而其余开关未流经故障电流的信息，判断出故障发生在 $A_4 \sim A_5$ 之间馈线段，因此遥控负荷开关 A_4 和 A_5 分闸以隔离故障区域，如图 5.10 （c）所示。然后遥控 S_1 和 A_9 合闸以恢复健全区域供电，如图 5.10 （d）所示。假设 B_{20} 所带用户线路上发生永久性故障，断路器 B_{20} 跳闸切断故障电流，从而完成故障隔离，如图 5.10 （e）所示。

5.2.3 模式化故障处理

为了提高配电设备利用率，往往采用多分段多联络及多供一备等网架结构，但是仅仅采用上述网架结构是不够的，还需要在故障处理中采取相应的模式化故障处理步骤才能达到提高配电设备利用率的目的。

1. 多分段多联络配电网的模式化故障处理

从典型配电网架结构中看出，仅仅在网架结构上具备多分段多联络接线的特征并不能发挥出该接线模式高设备利用率的优点，还必须在故障处理的过程中采取模式化的处理步骤。

对于多分段多联络配电网，主干线故障后由变电站出线断路器跳闸切断故障电流，并由配电自动化系统或根据故障指示器或人工查线确定故障位置，然后跳开故障位置两侧相邻开关隔离故障，若故障未处于变电站出线开关的相邻区域，则合变电站出线开关以恢复对故障位置上游健全区域的供电，若故障位置下游存在需要恢复的健全区域，则跳开故障位置下游健全区域的分段开关，将故障位置下游的健全区域分段，然后分别合上各段对应的联络开关，使得每个备用电源仅恢复其中一段线路的供电。若 N 分段 N 联络配电网中的某一个电源点发生故障，则直接跳开该电源所带线路的变电站出线开关将线路隔离，然后跳开线路上的分段开关将线路分为 N 段，再合上各馈线段对应的联络开关，分别由每个备用电源恢复其中一段线路的供电。若是架空线路，还可以配以重合闸机制以区分永久故障和瞬时性故障。

例如，对于图 5.11 （a）所示的 3 分段

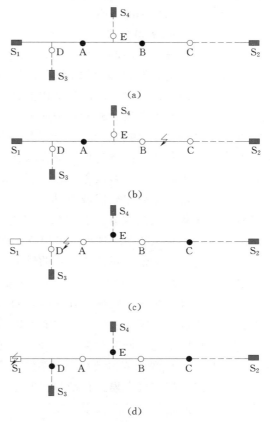

图 5.11　3 分段 3 联络架空配电网及其模式化故障处理

3 联络架空配电网，当主干线上 B~C 区域发生永久性故障后，经过模式化故障处理得到的结果如图 5.11（b）所示，此时故障未处于变电站出线开关的邻近区域，完成故障区段的隔离以后，合上变电站出线开关 S_1 恢复对故障位置上游健全区域的供电，故障位置下游不存在需要恢复的健全区域，联络开关不合闸。

当主干线上 S_1~A 区域发生永久性故障后，经过模式化故障处理得到的结果如图 5.11（c）所示，此时故障处于变电站出线开关的相邻区域，开关 S_1 和 A 分闸隔离故障，开关 B 分闸将故障位置下游的健全区域分为 A~B 段和 B~C 段，联络开关 C 和 E 合闸，分别由 S_4 和 S_2 恢复对 A~B 段和 B~C 段供电。

当电源点（S_1 上游）故障后，经过模式化故障处理得到的结果如图 5.11（d）所示，开关 S_1、A 和 B 分闸将健全区域分为 S_1~A 段、A~B 段和 B~C 段等 3 段，联络开关 C、D 和 E 合闸，分别由 S_3、S_4 和 S_2 恢复对 S_1~A 段、A~B 段和 B~C 段供电。

采取上述网架结构和模式化故障处理以后，2 分段 2 联络配电网中的每一条馈线只需要留有对侧线路容量的 1/2 作为备用容量就可以满足 $N-1$ 准则要求，因此线路的利用率可以达到 67%；3 分段 3 联络配电网中的每一条馈线只需要留有对侧线路容量的 1/3 作为备用容量就可以满足 $N-1$ 准则要求，因此线路的利用率可以达到 75%，从而发挥出了该网架结构高设备利用率的优点。

2. 多供一备配电网的模式化故障处理

为了提高配电设备的利用率，电缆配电网中还经常采用多供一备接线模式。N 供 1 备接线模式的结构特征为 N 条线路正常工作，与其均相联的另外一条线路平常处于停运状态作为总备用。但是仅仅在网架结构上具备上述特征并不能发挥出该接线模式高设备利用率的优点，还必须在发生故障时采取模式化的故障处理步骤。

对于多供一备电缆配电网，主干线发生故障后由变电站出线断路器跳闸切断故障电流，并由配电自动化系统或根据故障指示器或人工查线确定故障位置，然后跳开故障位置两侧相邻开关隔离故障，若故障未处于变电站出线开关的相邻区域，则合变电站出线开关以恢复对故障位置上游健全区域的供电，若故障位置下游存在需要恢复的健全区域，则一律选择由专用备用电缆恢复。若多供一备电缆配电网中的某一个正常供电的电源发生故障，则直接跳开该电源所带线路的变电站出线开关将线路隔离，之后合上线路末端联络开关，由专用备用电缆恢复对整条线路的供电。

例如，对于图 5.12（a）所示的 3 供 1 备电缆配电网，当主干线上 A_4~A_5 区域发生故障后，经过模式化故障处理得到的结果如图 5.12（b）所示，此时故障未处于变电站出线开关的相邻区域，完成故障区段的隔离以后，合上变电站出线开关 S_1 恢复对故障位置上游健全区域的供电，同时故障位置下游存在需要恢复的健全区域，于是合上联络开关 A_8，由专用备用电缆恢复对故障位置下游健全区域的供电。

采取上述网架结构和模式化故障处理后，N 供 1 备电缆配电网中平常供电的每一条电缆的负荷即使达到其载流极限也能满足 $N-1$ 准则要求，因此 2 供 1 备电缆配电网的平均利用率可以达到 67%，3 供 1 备电缆配电网的平均利用率可以达到 75%，从而发挥出了该网架结构高设备利用率的优点。

5.2.4 备用操作电源

无论馈线采取何种类型开关，要实现配电网故障处理，配电终端必须具备可靠的备用电源，在配电终端失去主供电源（一般来自电压互感器）时，仍能满足配电终端和通信装置正常工作一段时间并确保开关若干次可靠分合闸操作，以确保故障信息可靠地上传到主站供故障判断之用，并且在恢复健全区域供电前将故障隔离到最小范围。

由于配电终端大都工作在户外恶劣环境下，在环境温度−40～70℃范围都要能够正常工作，还要具有良好的防风沙、防雨、防潮、防雷、防腐蚀性能，因此对备用电源尤其是其储能部件要求较高。

从技术上看，蓄电池的寿命不长，对充放电管理的要求较高，工作于恶劣环境条件下时，对其性能和寿命的影响尤其突出。

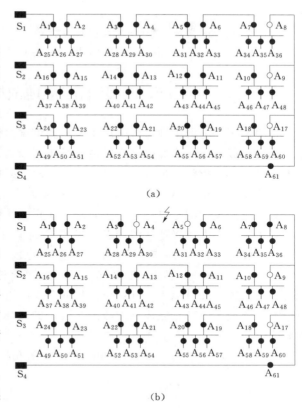

图 5.12　3 供 1 备电缆配电网及其模式化故障处理

从管理上看，配电终端数量众多且位置分散，更换和维护蓄电池需要花费大量的人力和物力，为了确保可靠工作，一般一至两年就要更换一次蓄电池，运行成本比较高。

超级电容器（Super Capacitor）是近年来发展成熟的一种大容量储能部件，其单体容量可达几百至上千法拉。

与传统电容器相比，超级电容器具有更大储能容量、更宽的工作温度范围和长的使用寿命。

与蓄电池相比，超级电容器具有下列优点：

（1）更高的功率密度，为蓄电池的 10～100 倍，能够快速放出几百到几千安培的电流，这个特点尤其适合作为开关的操作电源。

（2）充电速度快，可以采用大电流充电，能在很短的时间完成充电过程。

（3）免维护，长使用寿命。

（4）使用温度范围广，低温性能优越，其工作温度范围为−40～85℃。

（5）高可靠性，维护工作量少。

因此，超级电容器已经作为一种高效、实用、环保的新型存储装置广泛应用，作为配电终端的备用电源储能部件也非常合适。

失去主供电源后维持工作的时间选择取决于自动故障处理时间，一般宜选为 15～30min。

对于开关采用直流 220V 操作电源的情形，宜用超级电容器解决配电终端和通信装置的备用电源储能问题，而采用铝电解电容解决开关操作备用电源问题。

5.3　小电流接地故障定位技术

我国中压配电网中性点多采用不接地或谐振接地（经消弧线圈接地）方式，当系统发生单相接地故障时，流经故障点的电流很小，通常称为小电流接地系统，其单相接地故障称为小电流接地故障。据统计，小电流接地故障是中压配电网最主要的故障形式，占故障总数的 70％以上，如果考虑可以自恢复的瞬时性接地故障，其所占的比例会更高。

对于所建设的配电自动化系统，若不能定位小电流接地故障，则其应用效果将大打折扣。近年来，小电流接地选线问题已基本得到了解决，成功率在 90％以上（高阻接地故障的检测成功率低），对接地定位技术的研究也取得了重大进展。

由于小电流接地故障电流比较小，配电网允许带接地故障运行一段时间（1～2h），不需要立即进行故障隔离。其定位过程通常由配电自动化主站收集处理现场配电终端检测的小电流接地故障信息完成接地故障定位（即故障区段检测），由调度人员人工遥控操作隔离故障。

本节介绍可用于馈线自动化（FA）系统的几种小电流接地故障区段定位方法。

5.3.1　稳态零序电流法

1. 在中性点不接地系统中的应用

在中性点不接地系统中，发生接地故障后，流经故障点的稳态零序电流为整个系统所有线路对地的分布电容电流之和，数量上等于正常运行时系统三相对地电容电流的算术和。

以具有 3 条出线的系统为例，假设第三条出线发生接地故障，其稳态零序电流的分布如图 5.13 所示，主要分布特征如下：

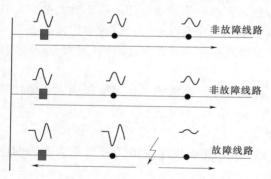

图 5.13　不接地系统中工频零序电流分布

（1）非故障线路各检测点的零序电流为其下游线路的对地分布电容电流，从母线流向线路，随着到母线距离的增加其幅值不断减小，至线路末端接近于零。

（2）与非故障线路类似，故障线路故障点下游（负荷侧）检测点的零序电流也为其下游线路的对地分布电容电流，从母线流向线路，随着到故障点距离的增加其幅值不断减小，至线路末端接近于零。

（3）故障点上游（母线侧）检测点的零序电流为所有非故障线路对地分布电容电流与该检测点到母线之间线路分布电容电流之和，从线路流向母线，随着到母线距离的增加幅值不断增加。一般而言，靠近故障点的检测点其零序电流幅值是整个系统中最大的。

由此可见，对于各线路出口处的零序电流，故障线路幅值最大（等于所有非故障线路之和），且方向与非故障线路相反，存在明显的故障特征，可用于实现故障选线；对于故障线路，故障点上游幅值远大于下游幅值，且故障点上游和下游的零序电流方向相反，存在明显的故障特征，可用于实现故障定位。

一般实现过程为首先由配网主站根据变电站小电流接地故障选线装置的选线结果或采集处理各线路出口处配电终端检测到的零序电流信息确定故障线路，然后比较故障线路沿线各配电终端检测到的零序电流信息确定故障区段。

实际的中性点不接地系统发生单相接地故障时，零序电流比较小，可能只有几个安培，对零序电流测量的灵敏度要求比较高，需要安装专门的零序电流互感器（TA）。对于电缆线路，安装零序 TA 比较容易做到。而在架空线路分段开关中，需要内置采用特殊设计的高灵敏度的零序 TA，它采用环形铁芯，其内径设计的比较大，使得三相导体能够从中穿过。

2. 在谐振接地系统中的应用

谐振接地（消弧线圈接地）系统发生接地故障后，由于消弧线圈产生的电感电流与线路对地电容电流相位相反，从而相互抵消，因此，流经故障点的零序电流幅值大幅降低。

仍以 3 出线系统为例，其故障产生的稳态零序电流分布如图 5.14 所示。主要分布特征如下：

（1）非故障线路各检测点的零序电流的幅值特征和方向特征与不接地系统一致。

（2）故障线路故障点下游（负荷侧）各检测点的零序电流的幅值特征和方向特征与不接地系统一致。

（3）故障线路故障点上游各检测点（母线侧）零序电流的幅值特征和方向特征均发生改变。由于消弧线圈一般工作在过补偿状态，故障点上游电流为从线路流向母线的感性电流，可以等效为从母线流向线路的容性电流，与非故障线路和故障点下游电流方向相同。同时，故障点上游各检测点零序电流幅值随着到母线距离的增加而不断减小，即上游紧邻故障点的零序电流不再是系统中的最大幅值。

综上所述，在谐振接地系统中，故障线路与非故障线路、故障线路故障点上游和下游的零序电流幅值相近、方向相同，故障自身产生的稳态电流无明显的故障特征，无法实现故障选线和定位。

在实际应用中，可以采用中电阻法或残留增量法（改变消弧线圈的补偿度的方法），来实现故障选线和定位。

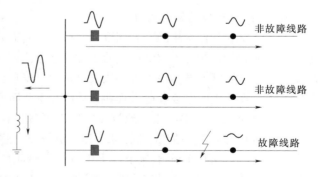

图 5.14　经消弧线圈接地系统工频零序电流分布示意图

中电阻法是永久接地故障后在中性点和大地之间接入一个阻值适当的电阻，以产生足够大的附加零序电流，其零序有功电流主要流过故障线路，据此可实现选线和定位。不同厂家、不同电压等级中，对电阻值的选择不同，其产生的电流一般为数十安培，法国

EDF 所用技术的零序附加电流为 20A，而国内技术的零序附加电流为 45A。

在谐振接地系统中，自动调谐消弧线圈已逐步取代了传统的手动调谐消弧线圈。随调谐方式消弧线圈正常时远离谐振点，故障后迅速调整到最佳补偿位置；预调谐方式消弧线圈正常运行时联接的阻尼电阻故障后须立即切除。残流增量法利用调谐消弧线圈补偿度改变或阻尼电阻投切前后各出线零序电流的产生变化，其中故障线路零序电流变化量最大，从而实现选线和定位。由于消弧线圈带负荷调谐的制约以及对系统安全的考虑，故障点残留电流的改变量较小，一般在数安培到十安培之间；而根据消弧线圈调谐方式的不同，残流改变的时间一般在数秒到数分钟不等。

从本质上来看，中电阻法与改变消弧线圈的补偿度的方法原理是一致的，区别主要在于中电阻法中产生的附加电流远大于后者，某种意义上已经改变了系统中性点的接地方式。

5.3.2 注入信号法

信号注入法在变电所利用故障相 TV 或消弧线圈二次绕组，向一次系统反向耦合一特定电流信号，其电流幅值一般在数百毫安培到数安培之间。注入信号沿母线和故障线路的接地相流动，经故障点和大地返回，根据信号寻迹原理即可确定故障区段。

根据注入信号自身特征可分为注入工频电流和注入异频电流。注入的异频电流与故障自身电流主要通过频率差异进行区分，注入信号的频率可取在各次谐波之间、保证不被工频及各次谐波分量干扰（如注入 220Hz 电流），也有注入半工频周波电流（等效为注入偶次谐波电流）等。而注入的工频电流通过时序上呈现一定变化规律，如以 1s 为周期时断时续等，与故障自身工频电流予以区分。

在实际工程中，可利用配电终端或故障指示器检测注入信号，将检测结果上报主站。检测到信号的线路为故障线路，最末信号检测点与信号消失的检测点之间即为故障区段。

5.3.3 暂态法

5.3.3.1 接地故障的暂态特征

电力系统在任何两个稳态之间都存在过渡（暂态）过程，会产生丰富的暂态信号。对于小电流接地故障，相比于故障产生的工频稳态电流，其过渡过程就显得格外强烈，相应的其故障暂态电流幅值也显得格外大，最大可达数百安培。传统上认为故障暂态电流是由故障相电压瞬间下降产生的电容放电过程和非故障相电压瞬间升高产生的电容充电过程所形成。

研究结果表明，小电流接地故障的暂态形成过程较为复杂，由系统正序、负序和零序之间以及各序分量中不同线路之间的若干组等效电感和等效电容间的串联谐振和并联谐振产生。相应的，故障暂态电流由若干组按指数衰减的正弦分量和直流分量叠加而成。

对于不接地系统，小电流接地故障的暂态特征主要有：故障暂态过程存在多个谐振过程，其中主谐振[1]过程频率最低、能量最大，可以代表故障暂态特征；暂态主谐振频率一

---

[1] 在故障产生的诸多暂态分量中，频率最低、最接近工频的暂态分量一般幅值最大，称为暂态主谐振分量。主谐振分量最能代表故障暂态特性，对故障暂态的分析可以以主谐振分量的分析为主。

般在 200～2000Hz 之间，持续时间约在 2～3ms 以内；故障暂态电流主谐振分量的幅值远大于故障工频电流，一般可达上百安培；现场相当比例的故障是不稳定的弧光接地或间歇性接地故障，使得稳态信号不稳定而暂态信号频繁出现。

消弧线圈的感抗随频率线性增加，而系统对地容抗随频率线性减少，因此，消弧线圈对故障电流的补偿作用与频率的平方成反比。如，消弧线圈对于 5 次谐波电流的补偿度是工频电流的 1/25，对于 500Hz 电流的补偿度只有工频电流的 1/100。由于故障暂态频率一般远大于工频，所以消弧线圈对故障暂态电流的补偿作用可以忽略。

综上所述，消弧线圈对于故障暂态电流在系统中的分布特征几乎不产生影响。因此，可认为在不接地系统和谐振接地系统中，小电流接地故障暂态电流在系统中的分布特征是相同的，如图 5.15 所示，其主要分布特征如下：

（1）对于一般多条出线的配电系统，故障点上游方向的线路总长度远远大于下游方向，相应的其线路电感和对地分布电容也远远大于后者。因此，上游方向的暂态过程谐振频率低，而下游方向频率高，二者差异较大、相似性低。

（2）对故障点上游或下游两个相邻检测点（不包含故障点），其暂态电流之差为其间线路的分布电容电流、变化不大，即二者的暂态电流幅值接近、相似程度高。

（3）对于非故障线路的各检测点（包含出口）和故障线路故障点下游各检测点，其暂态电流主要为其下游线路的分布电容电流。因此，暂态电流从母线流向线路，随到母线距离的增加其幅值不断减小，线路末端接近于零。

（4）对于故障线路故障点上游检测点，暂态电流为其上游线路和所有非故障线路分布电容电流之和，其暂态电流从线路流向母线，随到母线距离的增加其幅值不断增加。一般而言，靠近故障点检测点的暂态电流幅值是整个系统中最大的。

因此，对于各出线口的暂态电流，故障线路幅值最大、方向和非故障线路相反，可用于故障选线。对于故障线路上的各个检测点，故障点上游和下游的暂态电流流向相反，一般情况下故障点上游幅值远大于下游幅值，可用于实现故障定位；此外，故障点上下游的暂态信号频率差异较大、相似程度低，也可用于故障定位。

5.3.3.2 利用暂态信号的接地故障定位方法

根据上述接地故障的暂态电流的分布特征，首先由配网主站根据变电站小电流接地故障选线装置的选线结果或采集处理各线路出口处配电终端检测到的暂态电流信息确定故障线路（故障线路暂态电流幅值最大、方向和非故障线路相反），然后根据故障线路各配电终端检测到的暂态电流信息进一步确定故障点。具体的故障定位方法包括暂态电流方向法和暂态电流相似性法两种。

1. 暂态电流方向法

根据图 5.15 所示，故障点产生的暂态电流在其上游是由线路流向母线、而在下游由母线流向线路，据此特征可以确定故障点相对于各检测点的方向，并进一步确定故障区段。

各检测点暂态电流的方向计算与暂态方向选线时相同，即根据各检测点暂态零序电流 $i_0(t)$ 和零序电压 $u_0(t)$ 计算方向系数为

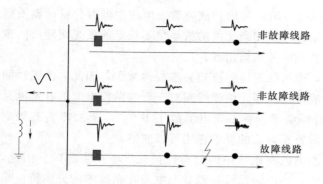

图 5.15　小电流接地故障暂态电流分布规律示意图

$$D = \frac{1}{T}\int_0^T i_0(t)\,\mathrm{d}u_0(t) \qquad (5-1)$$

如果 $D>0$，则暂态电流流向线路，故障点位于检测点上游方向；如果 $D<0$，则暂态电流流向母线，故障点位于检测点下游方向。

选择最末一个 $D<0$ 检测点和首个 $D>0$ 检测点之间的区段为故障区段。

2. 暂态电流相似性法

如图 5.15 所示，接地故障时故障点上游线路和下游线路的暂态谐振过程相互独立，由于线路结构和规模不同，暂态的主谐振频率也不同。即故障点两侧暂态零序电流相似程度低而非故障区段两侧暂态零序电流相似程度高，据此特征可以确定故障区段。

两个相邻检测点暂态零序电流 $i_{0,k}(t)$、$i_{0,k+1}(t)$ 之间相似系数 $\rho_{k,k+1}$ 的计算方法为

$$\rho_{k,k+1} = \max_{\tau \in [-T_t, T_t]}\left[\,\left|\rho_{k,k+1}(\tau)\right|\,\right] = \max_{\tau \in [-T_t, T_t]} \frac{\left|\int_0^T i_{0,k}(t)i_{0,k+1}(t+\tau)\,\mathrm{d}t\right|}{\sqrt{\int_0^T i_{0,k}^2(t)\,\mathrm{d}t \int_0^T i_{0,k+1}^2(t)\,\mathrm{d}t}} \qquad (5-2)$$

式中：T 为暂态信号持续时间；T_t 为配电终端的对时误差；对于超出记录范围 $[0, T]$ 的电流数据用 0 补充。

实际工程中，为解决两个配电终端之间需要同步记录暂态电流信号的问题，在计算时，需要对其中一个信号进行不同程度的偏移，得到一系列的相关系数，并取其中的最大幅值作为两个检测点之间的相似系数。当两个配电终端在时间上达到完全同步时，相似系数计算为

$$\rho_{k,k+1} = \left|\rho_{k,k+1}(0)\right| \qquad (5-3)$$

比较故障线路上各个相邻配电终端之间的暂态电流相似系数，可以确定故障区段。考虑到故障点下游配电终端可能因为暂态电流过小而不能启动，故障区段判据为：

（1）两侧暂态电流之间的相似系数最小且小于设定的门槛值，该区段为故障区段。

（2）所有区段两侧暂态电流相似系数均大于设定门槛，则最末一个配电终端下游区段为故障区段。

相似系数的预设门槛为经验值，一般可设在 0.5～0.8 之间。

5.3.4　故障定位技术的比较

以上几种方法各有千秋，可根据投资与现场实际情况选用。

稳态零序电流法比较简单，对配电终端采样与处理能力没有什么特殊要求，但相比于数百安培的负荷电流、上千安培的短路电流，接地故障电流微弱，一般仅为数安培，抗干扰能力差；相当比例的接地故障为弧光接地或间歇性接地，不稳定的故障点将频繁破坏故障稳态电流，降低了检测的可靠性，且不能检测瞬时性接地故障。稳态零序电流法在用于

谐振系统时，需要变电所具备中电阻投入装置或大幅度调整消弧线圈补偿度的条件。中电阻法需要额外增加一次设备，导致投资增大，且对系统形成了较大的安全隐患，如由于故障原因，投入的电阻不能及时切除将被烧毁，还增加了故障点的故障电流，最大可达数十安培，尽管增加电流的时间较短，但也背离了小电流接地系统故障电流小以利于自动熄弧的初衷，加大了故障点的破坏程度，特别是对于电缆故障可能引发两相短路，造成事故扩大。

信号注入法的可靠性较仅利用故障稳态零序电流的方法有较大的提高。其不足之处是需要在变电所安装信号注入设备，配电终端需要安装专用的注入信号采集探头，增大了投资；信号注入对一次系统有一定程度的影响；注入信号的强度受 TV 容量限制，在接地电阻较大时，非故障线路的分布电容会对注入的信号分流，给选线和定点带来干扰；如接地点存在间歇性电弧，注入的信号在线路中将不连续，给检测带来困难；与稳态零序电流法一样，也不能检测瞬时性接地故障。

暂态法是一种被动的检测方法，不需要在变电站额外安装附加设备，安全可靠、投资小。相对于故障产生的微弱的工频稳态电流，故障暂态电流幅值大，易于检测，可靠性高。能够可靠地检测瞬时性接地故障，为实现配电网绝缘在线监测创造了条件。

对于暂态电流方向和暂态电流相似性两种定位技术，其特点有以下不同：

（1）暂态电流方向定位技术的特点是：对于不稳定性接地故障，每次暂态过程对应的电流方向是恒定的，因此不受弧光接地、间歇性接地故障的影响，不需要配电终端有很高的对时精度，检测可靠性高；配电终端只需向主站报告故障方向，对通信系统的压力较小；主站定位算法简单（与短路故障定位算法类似），方便不同厂家产品之间配合。其不足之处是计算电流方向时需要零序电压信号，需要在检测点具备零序 TV 或三相 TV。

（2）暂态电流相似性定位技术的特点是：配电终端不需要零序电压信号，仅需要零序电流信号，能适应大部分开关传感器的配置条件。其不足之处是各配电终端均需向主站上传故障录波数据，对通信系统的压力较大；主站定位算法复杂，需要解决不同厂家产品之间配合的问题。

需要指出的是，当故障接地电阻较大（达数千欧）时，即使暂态接地电流，其幅值也仅有几安培，以上方法都会因信号过小而失效。因此，需进一步研究接地故障检测的新方法，以解决高阻接地故障的检测问题。

第6章

配电自动化高级应用

6.1 配电网潮流计算

配电网潮流计算是配电网分析的基础，配电网的网络重构、故障处理、无功优化和状态估计等都涉及配电网的潮流计算。因此，配电网潮流计算研究得到重视，直到今天在国内外期刊上仍有不少有关潮流计算的论文，而且为了推进配电网络分析和计算的研究，IEEE 配电网规划工作组建立了配电网络的测试系统。

本节在介绍配电网潮流计算一般方法的基础上，针对配电网潮流计算的特点介绍了配电网三相潮流计算、大规模配电网潮流的降规模计算以及含分布式电源配电网潮流计算。

6.1.1 配电网潮流计算方法

配电网潮流计算的方法虽然很多，但可以分为 3 类：牛顿类方法、母线类方法和支路类方法，下面分别讨论这些方法。

6.1.1.1 牛顿类配电网潮流计算方法

牛顿类潮流计算方法主要有牛顿拉夫逊潮流计算方法和快速分解潮流计算方法。

1. 牛顿拉夫逊潮流计算方法

自 20 世纪 60 年代稀疏矩阵技术应用于牛顿法以来，经过几十年的发展，它已经成为求解电力系统潮流问题时应用最广泛的一种方法。当以节点功率为注入量时，潮流方程为一组非线性方程，而牛顿法为求解非线性方程组最有效的方法之一。牛顿法的极坐标潮流方程为

$$
\begin{cases}
\Delta P_i = P_i - U_i \sum_{j \in i} U_j (G_{ij} \cos\theta_{ij} + B_{ij} \sin\theta_{ij}) \\
\Delta Q_i = Q_i - U_i \sum_{j \in i} U_j (G_{ij} \sin\theta_{ij} - B_{ij} \cos\theta_{ij}) \\
\dots
\end{cases}
\tag{6-1}
$$

式中：G_{ij} 为导纳矩阵中的电导；B_{ij} 为导纳矩阵中的电纳；θ_{ij} 为 U_i 和 U_j 的相角差。

对式（6-1）进行泰勒展开，仅取一次项，即可得到牛顿拉夫逊潮流算法的修正方程组为

$$\begin{cases} \begin{bmatrix} \Delta \boldsymbol{P} \\ \Delta \boldsymbol{Q} \end{bmatrix} = -\boldsymbol{J} \begin{bmatrix} \Delta \boldsymbol{\theta} \\ \Delta \boldsymbol{U} \end{bmatrix} \\ \boldsymbol{J} = \begin{bmatrix} \dfrac{\partial \Delta \boldsymbol{P}}{\partial \boldsymbol{\theta}} & \dfrac{\partial \Delta \boldsymbol{P}}{\partial \boldsymbol{U}} \\ \dfrac{\partial \Delta \boldsymbol{Q}}{\partial \boldsymbol{\theta}} & \dfrac{\partial \Delta \boldsymbol{Q}}{\partial \boldsymbol{U}} \end{bmatrix} \end{cases} \tag{6-2}$$

式中：$\Delta \boldsymbol{P}$、$\Delta \boldsymbol{Q}$ 为潮流方程的残差向量；$\Delta \boldsymbol{\theta}$、$\Delta \boldsymbol{U}$ 为母线的电压修正量；$\boldsymbol{J}$ 为雅可比矩阵。

2. 快速分解潮流计算方法

快速分解法是计算机实践的产物。1974 年 Stott 发现在各种 PQ 解耦的版本中，当有功相角修正方程的系数矩阵用 $\boldsymbol{B}'$ 代替，无功电压修正方程的系数矩阵用 $\boldsymbol{B}''$ 代替，有功和无功功率偏差都用电压幅值去除，这种版本的算法收敛性最好。$\boldsymbol{B}'$ 是用 $-1/x$ 为支路电纳建立的节点电纳矩阵，$\boldsymbol{B}''$ 是节点导纳矩阵的虚部。Stott 称这种方法为快速分解法，快速分解法潮流迭代公式可以写为

$$\begin{cases} \Delta \boldsymbol{U}^k = -\boldsymbol{B}'^{-1} \Delta \boldsymbol{Q}(\boldsymbol{\theta}^k, \boldsymbol{U}^k) \\ \boldsymbol{U}^{k+1} = \boldsymbol{U}^k + \Delta \boldsymbol{U}^k \\ \Delta \boldsymbol{\theta}^k = -\boldsymbol{B}'^{-1} \Delta \boldsymbol{P}(\boldsymbol{\theta}^k, \boldsymbol{U}^{k+1}) \\ \boldsymbol{\theta}^{k+1} = \boldsymbol{\theta}^k + \Delta \boldsymbol{\theta}^k \end{cases} \tag{6-3}$$

由于在式（6-3）的推导过程中无需线路电阻小于线路电抗的假设，因此该方法在线路电阻大于线路电抗时也能收敛。

6.1.1.2 母线类配电网潮流计算方法

此类算法有 Z_{Bus} 方法和 Y_{Bus} 方法，这两类算法在本质上是一致的，这里给出一种 Z_{Bus} 方法。

根据叠加原理，母线 j 的电压可以通过根节点在母线 j 上产生的电压与母线 j 上的等值注入电流所产生的电压叠加求得。等值注入电流指的是除根节点以外的其他配电网络元件如负荷、电容器、电抗器和无功补偿器等，在它们所连的母线上产生的等值注入电流。Z_{Bus} 方法的求解过程如下：

（1）计算当根节点独立作用于整个配电网而且所有的等值注入都断开的情况下各母线的电压为

$$U'_{j,s} = \frac{U_s}{Z_\Sigma} Z_{0,j} \tag{6-4}$$

式中：U_s 为根节点电压；Z_Σ 为网络的等值阻抗；$Z_{0,j}$ 为待求点的等值阻抗。

（2）计算各母线的等值注入电流 I''_j。

（3）计算只有等值注入电流作用时的母线电压为

$$\boldsymbol{U}'' = \boldsymbol{Z} \boldsymbol{I}'' \tag{6-5}$$

（4）应用叠加原理为

$$\boldsymbol{U}_{\text{new}} = \boldsymbol{U}' + \boldsymbol{U}'' \tag{6-6}$$

其中

$$\boldsymbol{U}' = [\boldsymbol{U}'_{s,1}, \boldsymbol{U}'_{s,2} \cdots \boldsymbol{U}'_{s,n}]^{\text{T}}$$

（5）检验迭代收敛条件为

$$|U_{\text{new}} - U_{\text{old}}| < \varepsilon \qquad\qquad (6-7)$$

检验迭代终止条件，若满足停止，否则转至（1）。式（6-7）中，U_{old} 代表上次迭代得到的节点电压。

6.1.1.3 支路类配电网潮流计算方法

1. 前推回代法

配电网支路类算法是配电网潮流计算中被广泛研究的一类算法，其中前推回代法是配电网支路类算法中最常用的一种算法，一般给定配电网络的始端电压和末端负荷，以馈线为基本计算单位。开始时由末端向始端推算，第一次迭代时设全网电压都为额定电压，根据负荷功率由末端向首端逐段推导，仅计算各元件中的功率损耗而不计算电压，求得各条支路上的电流和功率损耗，并据此获得始端功率，这是回代过程；再根据给定的始端电压和求得的始端功率由始端向末端逐段计算各段的电压降，求得各点电压，这是前推过程；如此重复上述过程，直至各个节点的电压偏差满足容许条件为止。

前推回代法配电网潮流计算在第 k 次迭代中的步骤如下：

（1）计算节点注入电流为

$$\dot{I}_j^{(k)} = \left(\frac{\dot{S}_j}{\dot{V}_j^{(k-1)}} \right)^* \qquad\qquad (6-8)$$

式中：$\dot{I}_j$ 为节点 j 的注入电流；$\dot{S}_j$ 为节点 j 的注入功率。

（2）回代计算各支路电流。从最后一层支路开始向根节点推进，支路 l 的电流为

$$\dot{I}_l^{(k)} = -\dot{I}_j^{(k)} + \sum_{m \in M} \dot{I}_m^{(k)} \qquad\qquad (6-9)$$

式中：$\dot{I}_l$ 为支路 l 的电流；M 为与节点 j 直接相连的所有下层支路的集合。

（3）前推求解节点电压。从第一层开始向最后一层推进，节点 j 的电压为

$$\dot{V}_j^{(k)} = \dot{V}_i^{(k)} - z_l \dot{I}_l^{(k)} \qquad\qquad (6-10)$$

式中：z_l 为支路 l 的阻抗。

（4）判断收敛条件式（6-11）是否满足，若是则结束，否则返回至（1）。

$$\| \dot{V}^{(k)} - \dot{V}^{(k-1)} \|_2 < \varepsilon \qquad\qquad (6-11)$$

式中：$\dot{V}^{(k)}$ 为第 k 次迭代得到的节点电压向量。

2. PV 节点的处理

分布式电源的接入，使配电网中出现了大量的 PV 节点。前推回代配电网潮流计算方法不能直接处理 PV 节点，可以采取下列步骤对 PV 节点进行处理如下：

（1）读取系统原始数据，设迭代次数 $k=0$。

（2）将 PV 节点看作 PQ 节点，进行潮流计算。

（3）根据潮流计算的结果，计算各 PV 节点给定电压向量与计算电压向量的差值。

（4）根据（3）计算的电压向量差，按照式（6-12）～式（6-15）计算各 PV 节点的补偿功率。

（5）将补偿功率叠加到相应的节点上，再次进行潮流计算。

（6）判断是否满足收敛条件或各节点无功输出是否达到限值：若否则令 $k=k+1$，返

回至（3）；若是则输出潮流计算结果，退出。

PV 节点第 k 次迭代时补偿功率的计算过程如下：

假定所有节点电压标幺值近似等于 1.0，并且相角很小，则有

$$\Delta \boldsymbol{I} \approx \Delta \boldsymbol{S}^* \qquad (6-12)$$

其中

$$\Delta \boldsymbol{S} = \Delta \boldsymbol{P} + j \Delta \boldsymbol{Q}$$

式中：$\Delta \boldsymbol{I}$ 为端口电流增量；$\Delta \boldsymbol{S}$ 为补偿功率。

所以有

$$\boldsymbol{Z} \Delta \boldsymbol{S}^* \approx \Delta \boldsymbol{U} \qquad (6-13)$$

其中

$$\boldsymbol{Z} = \boldsymbol{R} + \mathrm{j} \boldsymbol{X}$$

$$\Delta \boldsymbol{U} = \Delta \boldsymbol{V} + j \Delta \boldsymbol{\delta}$$

式中：$\boldsymbol{Z}$ 为端口阻抗矩阵；$\Delta \boldsymbol{U}$ 为端口电压增量。

对于 PV 节点而言，$\Delta \boldsymbol{P}$ 始终为 0，忽略相角变化的影响为

$$\boldsymbol{X} \Delta \boldsymbol{Q} = \Delta \boldsymbol{V} \qquad (6-14)$$

第 k 次迭代时 PV 节点的无功功率注入为

$$\boldsymbol{Q}^{(k)} = \boldsymbol{Q}^{(k-1)} + \Delta \boldsymbol{Q}^{(k)} \qquad (6-15)$$

6.1.1.4 配电网潮流计算方法比较

表 6.1 给出了各类配电网潮流计算方法的性能比较。

表 6.1 配电网潮流计算方法性能比较

算法	双电源处理能力	收敛阶数	稳定性
母线类算法	作为 PV 节点无需改变计算模型	一阶方法	稳定
支路类算法	不能直接处理，需迭代联络线潮流	一阶方法	稳定
牛拉法	作为 PV 节点无需改变计算模型	二阶方法	对初值敏感
快速分解法	作为 PV 节点无需改变计算模型	一阶方法	稳定

6.1.2 配电网三相潮流计算

配电网一般具有三相不平衡的特点，为了更好地表达配电网三相功率和电压的分布情况需要进行三相潮流计算，以下介绍一种简洁实用的配电网前推回代三相潮流计算模型及算法。

6.1.2.1 三相网络元件模型

前推回代法三相潮流计算所采用的配网各元件数学模型有以下 4 种类型。

1. 线路模型（包括架空线和电缆）

在前推回代法中线路模型相对比较简单，采用一个 3×3 的阻抗矩阵 $\boldsymbol{Z}$ 表示，对角线上的元素为每相导线自阻抗，非对角线上的元素为导线相间互阻抗。有以下两种途径获得线路的阻抗矩阵。

（1）由线路的正序、零序阻抗获得。

（2）由线路型号、长度以及线路的架设方式（包括线路相间距离，线路离地面的距离

等），通过修正的 Carson 方程得到。对三相四线制的线路，可以通过 Kron 降阶法将 4×4 的阻抗矩阵转化成 3×3 的阻抗矩阵。

修正后的 Carson 方程如下：

$$Z_{ii} = r_i + 0.000986988f + j0.00125668f\left(\ln\frac{1}{GMR_i} + 6.4905 + \frac{1}{2}\ln\frac{\rho}{f}\right) \quad (6-16)$$

$$Z_{ij} = 0.000986988f + j0.00125668f\left(\ln\frac{1}{D_{ij}} + 6.4905 + \frac{1}{2}\ln\frac{\rho}{f}\right) \quad (6-17)$$

式中：Z_{ii} 为 i 相导线的单位自阻抗，Ω/km；Z_{ij} 为 i，j 相导线的单位互阻抗，Ω/km；r_i 为 i 相导线的单位电阻，Ω/km；f 为频率，取 50Hz；GMR_i 为 i 相导线的几何平均半径，m；D_{ij} 为 i，j 相导线间的距离，m；ρ 为大地电阻率，一般取 $100\Omega \cdot \text{m}$。

2. 变压器模型

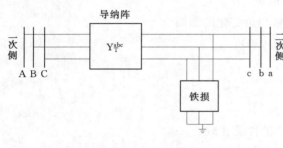

图 6.1 变压器模型

变压器数学模型在前推回代法中比较复杂，原因在于三相潮流计算中必须考虑变压器的分接头调节、变压器的连接方式、变压器漏抗、变压器铁芯损耗等因素对潮流的影响。文献 [67] 给出了一个可以用于潮流计算和短路电流计算的通用的变压器模型，如图 6.1 所示。

在该模型中变压器用一个 6×6 的导纳矩阵 $\boldsymbol{Y}_T$ 和铁损模块表示，其中导纳矩阵为

$$\boldsymbol{Y}_T = \begin{bmatrix} \boldsymbol{Y}_{PP} & \boldsymbol{Y}_{PS} \\ \boldsymbol{Y}_{SP} & \boldsymbol{Y}_{SS} \end{bmatrix} \quad (6-18)$$

式中：$\boldsymbol{Y}_{PP}$ 为原边自导纳；$\boldsymbol{Y}_{SS}$ 为副边自导纳；$\boldsymbol{Y}_{PS}$ 和 $\boldsymbol{Y}_{SP}$ 为原副边互导纳；导纳阵和铁损模块参数的具体计算方法可以参考文献 [68]。

文献 [68] 给出了一个用于潮流计算和短路电流计算的变压器模型，其中将变压器模型、线路模型和电压调节器模型统一归纳成了矩阵，其计算公式为

$$\boldsymbol{VLN}_{ABC} = \boldsymbol{a}_t \boldsymbol{VLN}_{abc} + \boldsymbol{b}_t \boldsymbol{I}_{abc} \quad (6-19)$$

$$\boldsymbol{I}_{ABC} = \boldsymbol{c}_t \boldsymbol{VLN}_{abc} + \boldsymbol{d}_t \boldsymbol{I}_{abc} \quad (6-20)$$

$$\boldsymbol{VLN}_{abc} = \boldsymbol{A}_t \boldsymbol{VLN}_{ABC} - \boldsymbol{B}_t \boldsymbol{I}_{abc} \quad (6-21)$$

式中：$\boldsymbol{VLN}_{ABC}$ 为变压器一次侧电压；$\boldsymbol{VLN}_{abc}$ 为变压器二次侧电压；$\boldsymbol{I}_{ABC}$ 为变压器一次侧电流；$\boldsymbol{I}_{abc}$ 为变压器二次侧电流；$\boldsymbol{a}_t$、$\boldsymbol{b}_t$、$\boldsymbol{c}_t$、$\boldsymbol{d}_t$、$\boldsymbol{A}_t$、$\boldsymbol{B}_t$ 分别为系数矩阵，对不同连接方式的变压器而言，式（6-19）～式（6-21）中的 6 个参数各不相同，参见文献 [68]。

但是直接将该模型应用在前推回代法中有一定的困难，在前推过程中有的连接方式下 $\boldsymbol{Y}_{PS}$ 不可逆，在回代过程中 $\boldsymbol{Y}_{SP}$ 不可逆。为了解决多电压等级下的变压器模型问题，在 $\boldsymbol{Y}_{PS}$ 和 $\boldsymbol{Y}_{SP}$ 不可逆时暂时忽略电压电流中的零序分量，构建新的可解的电压电流方程，然后在对应的前推或回代过程中将零序分量重新加上。

3. 补偿电容器模型

在前推回代法中补偿电容被描述成三相注入电流，注入电流的大小与补偿容量和节点

电压有关。在潮流计算时需要考虑适应补偿电容的各种控制策略的问题，例如按时间投切、按节点电压越限投切、按功率因数越限投切等。

4. 负荷模型

前推回代法中负荷也被描述成三相注入电流。每相的负荷注入电流与表示负荷的负荷特性和节点三相电压有关。

6.1.2.2 前推回代三相潮流算法

采用前推回代法进行配电网三相潮流计算的步骤在6.1.1节支路类配电网潮流计算方法中已有描述，不再赘述。

前推回代法充分利用了配网辐射型网络的特点，具有算法简单，计算速度快的优点，文献［66］认为在实际系统中更为可行的方法是在前推过程中与电流的计算一起同步更新电压和采用前后两次迭代的电压差作为收敛条件计算效果较好。前推回代法主要适用于辐射型网络的三相潮流计算，但是将前推回代法与补偿法相结合，也可用于计算弱环网的三相潮流。

6.1.3 大规模配电网潮流的降规模计算

为了提高大规模配电网潮流计算效率，需要采取降规模潮流计算方法，双方向等效电压降落模型是一种比较常用的方法。

图6.2（a）所示为一段具有 N 个负荷和 $N+1$ 个支路的馈线段，其中 $\dot{S}_i$ 和 L_i 分别为节点 i 处供出的复功率和第 i 段支路的长度，馈线段的总长度为 L，节点的序号由 A 到 B 递增；图6.2（b）所示为图6.2（a）的双方向等效电压降落模型，其中 $\dot{S}_V$ 为等效负荷的复功率，$\dot{L}_{AV}$ 和 $\dot{L}_{BV}$ 分别为等效负荷位置到 A 和 B 的等效长度，注意它们都是复数。

双方向等效电压降落模型的基本原理是使一条馈线段端部的电压降落与未简化模型相等，本节采用以馈线电压为基准值的标幺制。

可以证明当双方向等效电压降落模型的等效参数按照式（6-22）计算时，降规模潮流计算结果中无论电压降落还是线损都与实际模型相差不大。

$$\dot{S}_V = \frac{1}{L}\Big[\sum_{i=1}^{N}L_i\sum_{j=i}^{N}\dot{S}_j + \sum_{i=1}^{N}L_{i+1}\sum_{j=1}^{i}\dot{S}_j\Big] = \sum_{i=1}^{N}\dot{S}_i \qquad (6-22a)$$

$$\dot{L}_{AV} = \frac{\sum_{i=1}^{N}L_i\sum_{j=i}^{N}\dot{S}_j}{\sum_{i=1}^{N}\dot{S}_i} \qquad (6-22b)$$

$$\dot{L}_{BV} = \frac{\sum_{i=1}^{N}L_{i+1}\sum_{j=1}^{i}\dot{S}_j}{\sum_{i=1}^{N}\dot{S}_i} \qquad (6-22c)$$

大规模配电网潮流的降规模计算流程如图 6.3 所示。

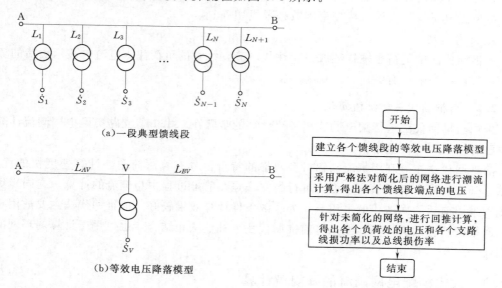

(a)一段典型馈线段

(b)等效电压降落模型

图 6.2　一段典型馈线及其改进等效电压降落模型

开始

建立各个馈线段的等效电压降落模型

采用严格法对简化后的网络进行潮流计算，得出各个馈线段端点的电压

针对未简化的网络，进行回推计算，得出各个负荷处的电压和各个支路线损功率以及总线损伤率

结束

图 6.3　大规模配电网潮流的降规模计算流程图

大规模配电网潮流的降规模计算的具体步骤如下：

（1）首先采用双方向等效电压降落模型将复杂配电网简化成若干以电源点、T 接点和末梢点为端点的馈线段，比如对于图 6.4（a）所示的配电网就可简化为如图 6.4（b）所示的 AG、GB 和 GC 3 条馈线段，其中 A 是电源点，G 是 T 接点，B 和 C 是末梢点，S_1、S_2 和 S_3 分别为 3 个等效负荷，它们的参数利用式（6-22）计算。

（2）根据简化模型，采用严格法进行潮流计算，较精确地得出节点 B、C 和 G 的电压。对于含有末梢节点的馈线段，流过末梢点的功率是 0，因此可以认为是已知的，将这些节点放入队列 **QK** 中。

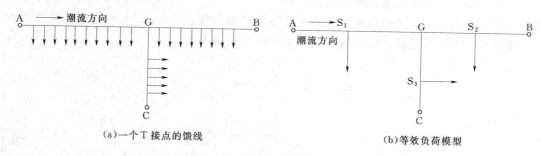

(a)一个 T 接点的馈线

(b)等效负荷模型

图 6.4　一个只具有一个 T 接点的馈线及其等效负荷模型

（3）对于含有队列 **QK** 中的节点的馈线段，采用从末梢点向上游递推的方法可以较精确地得出各个负荷点处的电压和该馈线段的线损。假设支路号和节点号按照潮流方向递升如图 6.5 所示，则递推公式如下：

第 K 支路的线损功率 $\dot{S}_{L,K}$ 为

$$\dot{S}_{L,K} = (r+jx)L_K \left| \left(\frac{\dot{S}_{K,A}}{\dot{U}_K} \right)^* \right|^2 \qquad (6-23)$$

式中：$\dot{S}_{K,A}$ 为流过节点 K 的总功率（包括 K 节点及其下游节点负荷功率和下游支路线损功率）；L_K 为第 K 支路的长度。

第 K 支路的电压降落 $\Delta\dot{U}_K$ 为

$$\Delta\dot{U}_K = (r+jx)L_K \left(\frac{\dot{S}_{K,A}}{\dot{U}_K} \right)^* \qquad (6-24)$$

节点 $K-1$ 的电压 $\dot{U}_{K-1}$ 为

$$\dot{U}_{K-1} = \dot{U}_K + \Delta\dot{U}_K \qquad (6-25)$$

流过节点 $K-1$ 的总功率 $\dot{S}_{K-1,A}$ 为

$$\dot{S}_{K-1,A} = \dot{S}_{K,A} + \dot{S}_{L,K} + \dot{S}_{K-1} \qquad (6-26)$$

式中：$\dot{S}_{K-1}$ 为节点 $K-1$ 的负荷功率。

假设该馈线段共有 N 个负荷点，$N+1$ 条支路，则最末端节点电压 $\dot{U}_N$ 已经在（2）中求出来了，且流过最末端节点的功率 $\dot{S}_{N,A}$ 是已知的。以 $\dot{U}_N$ 和 $\dot{S}_{N,A}$ 为初始条件，按序号递减的方向递推，就可得出该馈线段上

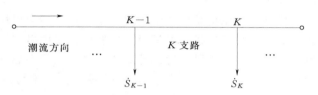

图 6.5　K 支路及其相关节点

所有负荷点处的电压和所有支路的线损，进一步整个馈线段的线损 $\dot{S}_{L,FD}$ 为

$$\dot{S}_{L,FD} = \sum_{i=1}^{N+1} \dot{S}_{L,i} \qquad (6-27)$$

至此该馈线段全部求解完毕，称这样的馈线段为已知馈线段。反复进行（3）直至队列 **QK** 为空。判断是否全部馈线段都是已知馈线段，若是则进行至（5），否则进行（4）。

（4）对于下游相邻馈线段全部为已知馈线段的 T 接点，可以计算流过该 T 接点的功率 $\dot{S}_{T,A}$ 为

$$\dot{S}_{T,A} = \sum_{i \in \theta} (\dot{S}_{L,FD,i} + \dot{S}_{FD,i} + \dot{S}_{FD,i,A}) \qquad (6-28)$$

式中：$\boldsymbol{\theta}$ 为该 T 接点的所有下游相邻馈线段的集合；$\dot{S}_{L,FD,i}$ 为馈线段 i 的线损；$\dot{S}_{FD,i}$ 为馈线段 i 上的总负荷功率；$\dot{S}_{FD,i,A}$ 为流过馈线段 i 的末端节点的总功率。

至此这些 T 接点成为已知，称这样的馈线段为已知 T 接点。将已知 T 接点放入队列 **QK** 中，进行（3），将以已知 T 接点为末端点的馈线段转化为已知馈线段。

判断是否全部馈线段都是已知馈线段，若是则进行（5），否则返回（3）。

（5）计算配电网的总线损功率 $\dot{S}_{L,AB}$ 为

$$\dot{S}_{L,AB} = \sum_{i \in \lambda} \dot{S}_{L,i} \qquad (6-29)$$

式中：λ 为所有馈线段的集合。

综上所述，在整个分析过程中，只有（2）需要迭代，但是通过（1）中已经将参加迭代计算的节点数量进行了大幅度地压缩，有效降低了迭代规模。

6.1.4　含分布式电源配电网潮流计算

接入配电网的分布式电源（DG）主要有微型燃气轮机、光伏发电系统、燃料电池、小水电、垃圾电站、风力发电系统等。传统配电网一般为闭环设计开环运行，用户侧无电源。分布式电源接入配电网后，辐射状的网络将变为多电源闭环网络，潮流方向已不像以往那样单向的从变电站母线流向负荷，有可能会出现回流等情况，因此需要对配电网的潮流分布重新进行分析。

针对不同分布式电源采取下列处理措施后，就可以采用常规算法计算含分布式电源配电网的潮流。

6.1.4.1　分布式电源类型

1. 微型燃气轮机

微型燃气轮机是指功率为数百千瓦以下的以甲烷、天然气、汽油、柴油等一次能源为燃料的小型燃气轮机。微型燃气轮发电机组由微型燃气轮机、燃气轮机内置的高速逆变发电机和数字电力控制器等部分组成。先进的微型燃气轮机具有多台集成扩容、多燃料、低燃料消耗率、低噪音、低排放、低振动、低维修率、可遥控和诊断等一系列先进技术特征。

微型燃气轮机的工作原理：从离心式压气机出来的高压空气先在回热器内由涡轮排气预热，然后进入燃烧室与燃料充分混合、燃烧，高温燃气进入向心式涡轮做功，直接带动高速发电机发电。发电机首先发出高频率交流电，然后通过整流器变成直流电，再通过逆变器转换为工频交流电供用户使用。

微型燃气轮机具有励磁系统和调速系统，其输出的高频交流电需要通过电力电子装置转化为工频交流电并入电网，其输出的有功功率可以通过对微型燃气轮机转速的控制来进行调节，励磁装置可以保持微型燃气轮机电压输出的稳定。

2. 光伏发电系统

太阳能发电是利用半导体材料的光电效应原理，将太阳能转换为电能。光伏发电系统白天将电能输送给电网，晚间负载从电网取电。光伏发电系统具有清洁、不受地域限制、维护简单等优点。但是，当前光伏发电系统的主要问题是转换效率低、发电成本高，光伏电池的输出功率受日照强度、环境温度、电池温度等因素的影响不易调节。

一般情况下配电网都是利用并网运行光伏发电系统的有功功率，即将太阳能光伏阵列的直流电能转换为与电网同频同相的交流电能馈送给电网。然而在特定的场合，也可以通过控制逆变器，在损失一部分有功功率输出的情况下，对配电网进行无功优化，使电网更加经济稳定的运行。

3. 燃料电池

燃料电池是一种将存储在燃料和氧化剂中的化学能高效、清洁地转化为电能的装置。它通过电化学过程将燃料中的化学能转化为电能。当前用于分布式发电的燃料电池主要分为 4 种：固体氧化物燃料电池、磷酸燃料电池、熔融碳酸盐燃料电池和质子交换膜燃料电池。燃料电池发电具有发电效率高、无污染、机动灵活，用途广泛等特点。

燃料电池输出直流电，与电网并网时需要通过逆变器控制并转化为交流电，燃料电池发电站可以控制燃料电池的有功功率输出和交流输出侧的电压幅值。

4. 小水电

我国水电资源十分丰富，全国水电可开发的装机容量约为 1.2 亿 kW 左右，分布广泛。小水电不仅在增加能源供应、改善能源结构、保护生态环境、减少温室气体排放等方面作出了重要贡献，还在电力应急保障中发挥了重要作用，并以其独特的优点得到了充分的重视和肯定。

小水电站通过水的重力落差进行发电，通过调度可以控制其有功输出，发电机励磁装置可以维持输出电压的稳定。

5. 垃圾电站

垃圾发电就是将垃圾作为一种特殊燃料，充分利用其燃烧时产生的热量加热锅炉产生蒸汽，推动汽轮机发电。垃圾发电站主要的核心部分是焚烧炉，在焚烧炉内采用煤、柴油、天然气等作为助燃剂，将垃圾焚烧。垃圾电站的模型类似于微型燃气轮机，其输出的有功功率可以进行调节，发电机励磁装置保持垃圾电站电压输出的稳定。

6. 风力发电系统

风力发电是将风能转化为电能，其输出功率随风能的变化而变化。近年来风能发电在世界范围内得到了迅猛的发展，将是 21 世纪最有发展前景的绿色能源之一。

按照转速是否恒定区分，风力发电可分为定转速运行与变速运行两种模式。按照结构区分，风力发电机分为同步发电机、异步发电机和双馈式发电机等机型。

异步发电机原理简单、结构方便，所发出的工频交流电可直接供负载使用或经变压器输入电网。多数情况下，异步风力发电机为定转速运行。由于异步发电机运行时需要从电网中获得无功功率，所以一般情况下异步风力发电机组不能脱离电网单独运行。

永磁同步风力发电机不需要传动增速装置，整体结构简单，采用交流—直流—交流的接入方式，即先将同步机发出的交流电变成直流电，然后再逆变成工频交流电接入电网或供用户使用。

双馈式风力发电机中"双馈"的含义是指定子电压由电网提供，转子电压由功率变换器提供，发电机允许在限定的范围内变速运行。调节变频器的输出频率，就可以改变电机的转速；调节输出电压的幅值和相位，就可以调节定子边的功率因数。因此，双馈式风力发电机可实现变速恒频发电。双馈式风力发电机组发出的有功与无功功率能够得以解耦控制。

7. 储能装置

铅酸蓄电池、磷酸铁锂电池、钠硫电池、全钒液流电池等都可以用来实现大规模储能，储能既可以作为电网的电源，又可以作为电网的负载。当工作在整流状态下，电能从电网流向的储能装置进行充电。当工作在逆变状态下，电能从储能装放电回馈到电网。通过控制相差和逆变器输出幅值，可以分别调节储能装置与电网之间的有功，无功交换。

6.1.4.2 潮流计算中分布式电源的处理方法

DG 与配电网常用的接口方式主要有两类：①通过变压器直接接入；②经 DC/AC 或 AC/AC 电力电子变换器接入。

潮流计算时，在两种接口的基础上，根据它们各自的控制特性建立 DG 的潮流计算模型，分别将它们看作 PQ、PV、PI、PQ（V）节点。

1. 直接并网型分布式电源

直接并网型分布式电源主要有同步发电机和异步发电机两种，其中最常用的是同步发电机，如水力发电机、内燃机和传统燃气轮机等。风力发电一般采用异步发电机。

同步发电机由励磁系统通过电压控制和功率因数控制来调节发电机端电压和功率因数等参数。采用电压控制的 DG 在潮流计算中作为 PV 节点处理，采用功率因数控制的 DG 作为 PQ 节点处理。

异步发电机没有励磁系统，需要电网提供无功功率来建立磁场，故不能将其作为电压幅值恒定的 PV 节点。由于异步发电机的无功 Q 是节点电压 U 的函数为

$$\begin{cases} P = P_s \\ Q = f(U) \end{cases}$$

式中：P_s 为异步发电机机端发出的有功功率；$f(U)$ 表示异步发电机机端发出的无功功率；Q 是节点电压 U 的函数 f。

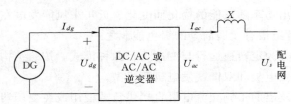

图 6.6　逆变型分布式电源接入配网图
U_{dg}—DG 的输出电压；I_{dg}—DG 的输出电流；U_{ac}—逆变器的输出电压；I_{ac}—逆变器的输出电流；X—换流变压器等值电抗（忽略变压器损耗）；U_s—接入点电压

因此，可将异步电动机视为计电压静特性的 PQ（V）节点处理，由异步发电机给定的有功功率确定初始的节点 P、Q 值，在潮流计算中用每次迭代计算出的电压值来修正 P、Q 值。

2. 逆变型分布式电源

由于燃料电池、光伏发电和储能系统发出的是直流电，微型燃气轮机发出的是高频交流电，需要通过电力电子变换器接入配电网，如图 6.6 所示。

通过逆变器并网的 DG，注入电网的有功、无功与逆变器的控制特性有关，因此潮流计算中可以通过输出限定的逆变器控制特性来建立 DG 模型。逆变器一般分为电压控制逆变器和电流控制逆变器两种。

当采用电压控制逆变器时，DC/AC 逆变器的控制信号为直流系统输出的 U_{dg}，并有

$$U_{ac} = MU_{dg} \tag{6-30}$$

式中：M 为逆变器调制比。

设 U_{ac} 的相角为 θ，由图 6.6 可以得到

$$\begin{cases} P = \dfrac{U_s U_{ac} \sin\theta}{X} \\ Q = \dfrac{U_{ac}^2 - U_{ac} U_s \cos\theta}{X} \end{cases} \tag{6-31}$$

由式（6－31）可推出

$$Q = \frac{U_{ac}^2 - \sqrt{U_{ac}^2 U_s^2 - P^2 X^2}}{X} \qquad (6-32)$$

采用电压控制逆变器并网的分布式电源对注入电网的有功控制通过调整逆变器移相角 θ 实现，无功控制通过调整逆变器调制比 M 实现。通过调制比 M 可以控制电压的幅值稳定，因此在潮流计算中作为电压幅值恒定 PV 节点处理。

与电压控制逆变器类似，当采用电流控制逆变器时，DC/AC 逆变器的控制信号为直流系统输出的 I_{dg}，并有

$$I_{ac} = M I_{dg} \qquad (6-33)$$

设 I_{ac} 的相角为 θ'，由图 6.6 可以得到

$$\begin{cases} P = U_s I_{ac} \cos\theta' \\ Q = \sqrt{(U_s I_{ac})^2 - P^2} \end{cases} \qquad (6-34)$$

采用电流逆变器并网的分布式电源注入电网的有功功率和无功功率也是通过调整逆变器的相角 θ 和调制比 M 来实现，通过调制比 M 可以控制电流幅值的稳定，因此作为电流幅值恒定 PI 节点处理。

6.1.4.3 潮流计算

在根据分布式电源的不同进行上述差异化处理的基础上，含分布式电源配电网潮流计算的方法与 6.1.1 节、6.1.2 节描述相同，不再赘述。

6.2 配电网简化建模与分析

6.2.1 配电网的变结构耗散网络模型

对于一些配电自动化系统，由于大量缺乏对负荷的量测数据，使得采用第 6.1 节中论述的潮流计算方法进行严格的分析和计算面临较大的困难。另一方面，在许多应用中也没有必要进行严格细致的分析和计算。因此，针对配电网的特点，文献［26］～文献［28］建立了配电网的简化模型，即变结构耗散网络模型，充分利用现实中可以获得的有限量测数据反映配电网的主要运行指标。

6.2.1.1 基于图论的配电网简化建模

将电源（包括主供电源和分布式电源）、母线（包括主变电站 10kV 母线和馈线母线两类）、开关、线路 T 接点、末梢当做节点，将相邻节点间的配电馈线和负荷综合当做边，将节点的权定义为流过该节点的负荷，将边的权定义为该条边上所有负荷之和（考虑到分布式电源的存在，该负荷可能为正，也可能为负）。采取上述处理后，就将配电网看作是一种赋权图。

由于网络拓扑随着开关状态的改变而改变，并且每条边的权反映该边供出的负荷，该模型被称为"变结构耗散网络模型"。

例如，对于图 6.7（a）所示的配电网，其简化模型如图 6.7（b）所示。图 6.7 中，

中空粗线表示母线，平行四边形块表示电源（实心代表有电、空心代表无电），圆圈表示开关（实心代表合闸、空心代表分闸），实心小圆点表示 T 接点，箭头表示高压负荷，双圈表示配电变压器，三角形表示末梢点。

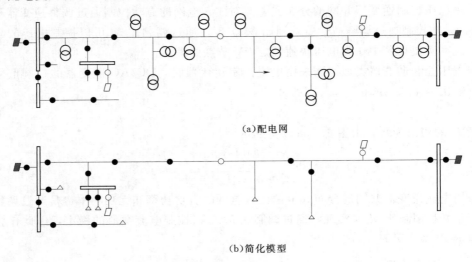

(a)配电网

(b)简化模型

图 6.7　配电网的变结构耗散网络模型

若一个节点与另一个节点之间存在一组边将它们连接起来，则称这两个节点是相互连接的，该组边的集合称为连接该两个节点的路径。

若一个开关节点处于合闸状态，则称其两侧的边是连通的；若一个开关节点处于分闸状态，则称其两侧的边是不连通的。

对于一个具有 N 个节点、B 条边的配电网，可以采用 $N \times B$ 维的节点与边的关联矩阵描述配电网的网络结构，但是其占用空间非常大，且相当稀疏。也可以采用邻接表描述配电网的网络结构，以减少所占用的资源，例如采用如式（6-35）所示的 $N \times 3$ 的网基架邻接表示 $\boldsymbol{D}$ 为

$$\boldsymbol{D} = \begin{bmatrix} d_{11} & d_{12} & d_{13} \\ d_{21} & d_{22} & d_{23} \\ \cdots & \cdots & \cdots \\ d_{N1} & d_{N2} & d_{N3} \end{bmatrix} \tag{6-35}$$

对于非母线类型节点，d_{i1}、d_{i2} 和 d_{i3} 表示和节点 v_i 相连的节点的序号，对于母线节点，d_{i1} 表示母线的序号，d_{i2} 和 d_{i3} 无意义。

针对母线节点，可以定义母线数据结构 $\boldsymbol{B}$ 为

$$\boldsymbol{B} = \begin{bmatrix} b_{11} & b_{12} & d_{13} & \cdots & \cdots \\ b_{21} & b_{22} & b_{23} & b_{24} & \cdots \\ \cdots & \cdots & \cdots & \cdots & \cdots \\ b_{K1} & b_{K2} & \cdots & \cdots & \cdots \end{bmatrix} \tag{6-36}$$

式中：b_{i1} 为与第 i 条母线相连的节点数；b_{i2} 为与第 i 条母线相连的各个节点的序号；K 为

母线节点的个数。

可以定义 $1×N$ 维的节点类型向量 T 反映各个节点的类型（主供电源、分布式电源、母线、开关、线路 T 接点、末梢等）。

6.2.1.2　配电网的结构单元

除了节点和边这两种结构单元以外，还需要定义最小配电区域和连接系这两种结构单元。

1. 最小配电区域（简称区域）

将由开关节点、电源节点或末梢点围成的，其中不再包含开关节点的子图称作最小配电区域（简称区域），最小配电区域是配电网中所能隔离的最小单元，也是负荷转移的最小单元。

一个区域的开关节点、末梢点和电源节点称为其端点，T 接点和母线节点称为该区域的内点。例如，对于图 6.7（b）所示的配电网，其可以划分出 20 个最小配电区域，如图6.8 中虚线圈所示。

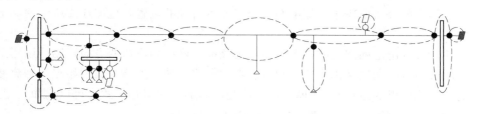

图 6.8　图 6.7 配电网的最小配电区域划分

针对区域，可以将区域数据结构 $\boldsymbol{\varLambda}$ 定义为

$$\boldsymbol{\varLambda}=\begin{bmatrix} \lambda_{11} & \lambda_{12} & \lambda_{13} & \cdots & \cdots \\ \lambda_{21} & \lambda_{22} & \lambda_{23} & \lambda_{24} & \cdots \\ \cdots & \cdots & \cdots & \cdots & \cdots \\ \lambda_{T1} & \lambda_{T2} & \cdots & \cdots & \cdots \end{bmatrix} \quad (6-37)$$

式中：λ_{i1} 为第 i 个区域的端点数；λ_{i2} 为第 i 个区域的各个端点的序号；T 为区域个数。

2. 连接系

通过联络开关相互连接起来的一组馈线称为连接系，负荷一般只能在连接系内转移。连接系具有下列性质：

（1）一个连接系内的联络开关均处于合闸状态后，该连接系内的边都是连通的。

（2）一个连接系外的任何一个联络开关合闸后，都不能增加该连接系中连通的边。

（3）连接系的范围是主变电站的 10kV 出线开关及其下游区域，一般不考虑通过主变电站的 10kV 母线构成的连接关系。

例如，对于图 6.7（b）所示的配电网，其连接系如图 6.9 中虚线圈所示。

6.2.1.3　配电网的网架结构描述

显然，网基邻接表 $\boldsymbol{D}$、母线数据结构 $\boldsymbol{B}$、节点与边的关联矩阵 $\boldsymbol{E}$、区域数据结构 $\boldsymbol{\varLambda}$、节点类型向量 $\boldsymbol{T}$，以及连接系所描述的都是配电网的网架结构，它们都是无向的和静态

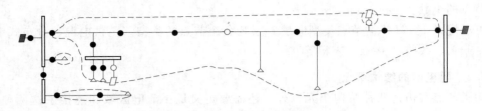

图 6.9　图 6.7 配电网的连接系

的，与配电网的运行方式和潮流分布无关。

6.2.1.4　配电网的运行方式描述

对于一个配电网，除了在其倒负荷的短暂过程之外，绝大多数时间都是准开环运行的。这里所说的准开环运行是指馈线的运行只有一个来自主变电站的主供电电源，但是馈线上所连接的分布式电源（如光伏等）则往往是工作在并网方式下。

将潮流从主供电电源到末梢的方向作为配电网潮流的参考方向。显然，这个参考方向在一个配电网中的分布取决于该配电网上分闸开关所处的位置，也即通常所说的该配电网的运行方式。

将上述定义的配电网潮流的参考方向作为该配电网中相应边的方向，则可以建立配电网的有向图模型（有向边又称为弧，潮流参考方向流入的节点称为弧的始点，潮流参考方向流出的节点称为弧的终点），该模型反映该配电网的当前运行方式，可以例如采用式（6-38）所示的 $N \times 4$ 的网形邻接表 C 加以描述。

$$C=\begin{bmatrix} c_{11} & c_{12} & c_{13} & c_{14} \\ c_{21} & c_{22} & c_{23} & c_{24} \\ \cdots & \cdots & \cdots & \cdots \\ c_{N1} & c_{N2} & c_{N3} & c_{N4} \end{bmatrix} \qquad (6-38)$$

式中：c_{i1} 和 c_{i2} 分别为以节点 i 为终点的有向边（即弧，其方向为相应馈线段上潮流的参考方向）的起点序号；对于非母线节点，c_{i3} 和 c_{i4} 描述以相应的节点为起点的弧的终点序号；对于母线节点，c_{i3} 和 c_{i4} 无意义。

若存在以节点 i 为始点、以节点 j 为终点的弧，则称节点 i 为节点 j 的父节点，称节点 j 为节点 i 的子节点。

若节点 i 是节点 j 的父节点，节点 j 是节点 k 的父节点，节点 k 是节点 m 的父节点，则称节点 j、k 和 m 都是节点 i 的下游节点，称节点 i、j 和 k 都是节点 m 的上游节点。

对于一个最小配电区域，按照潮流参考方向，称流入该区域的弧为该区域的流入弧，称流出区域的弧为该区域的流出弧。称流入弧的起点为该区域的始点，称流出弧的终点为该区域的末点；始点和末点都是该区域的端点。对于准开环运行的配电网，在一个区域中仅存在一条流入弧。

可以定义 $1 \times N$ 维的节点状态向量 M 反映各个节点的状态（合闸/分闸）。

6.2.1.5　配电网的负荷模型

用流过馈线开关的复功率表示节点的负荷，用边（馈线段）供出的复功率表示边的负

荷。例如，对于一个具有 N 个节点的配电网，可以定义 N 行 4 列的复数负荷邻接表 ST 为

$$ST=\begin{bmatrix} \dot{s}_{11} & \dot{s}_{12} & \dot{s}_{13} & \dot{s}_{14} \\ \dot{s}_{21} & \cdots & \cdots & \cdots \\ \cdots & \cdots & \cdots & \cdots \\ \dot{s}_{N1} & \cdots & \cdots & \dot{s}_{N4} \end{bmatrix} \tag{6-39}$$

式中：$\dot{s}_{i1}$ 为流过节点 i 的负荷（复功率）；$\dot{s}_{i2} \sim \dot{s}_{i4}$ 为以相应的节点为端点的边的负荷（复功率）。

ST 中的第二至第四列元素的顺序和 D 的第一列至第三列对应的边的顺序一致。

将复功率表示为有功功率和无功功率的形式，则有

$$ST=PT+jQT=\begin{bmatrix} p_{11} & p_{12} & p_{13} & p_{14} \\ p_{21} & \cdots & \cdots & \cdots \\ \cdots & \cdots & \cdots & \cdots \\ p_{N1} & \cdots & \cdots & p_{N4} \end{bmatrix} + j\begin{bmatrix} q_{11} & q_{12} & q_{13} & q_{14} \\ q_{21} & \cdots & \cdots & \cdots \\ \cdots & \cdots & \cdots & \cdots \\ q_{N1} & \cdots & \cdots & q_{N4} \end{bmatrix} \tag{6-40}$$

将复功率表示为模和相角的形式，则有

$$ST=LT\angle \Theta T=\begin{bmatrix} l_{11} & l_{12} & l_{13} & l_{14} \\ l_{21} & \cdots & \cdots & \cdots \\ \cdots & \cdots & \cdots & \cdots \\ l_{N1} & \cdots & \cdots & l_{N4} \end{bmatrix} \angle \begin{bmatrix} \theta_{11} & \theta_{12} & \theta_{13} & \theta_{14} \\ \theta_{21} & \cdots & \cdots & \cdots \\ \cdots & \cdots & \cdots & \cdots \\ \theta_{N1} & \cdots & \cdots & \theta_{N4} \end{bmatrix} \tag{6-41}$$

式中：LT 和 ΘT 分别表示复功率的模和相角邻接表。

在各个负荷的功率因数大致相同的情况下，也可以直接采用流过馈线开关的电流表示节点的负荷，用边（馈线段）供出的电流表示边的负荷。

流过开关的负荷的符号反映了实际潮流与潮流参考方向的关系，如有功功率符号为负，则表示流过该开关的有功功率的方向与参考方向相反。

定义 N 行 4 列的额定负荷邻接表 ET 为

$$ET=\begin{bmatrix} e_{11} & e_{12} & e_{13} & e_{14} \\ e_{21} & \cdots & \cdots & \cdots \\ \cdots & \cdots & \cdots & \cdots \\ e_{N1} & \cdots & \cdots & e_{N4} \end{bmatrix} \tag{6-42}$$

其中，e_{i1} 描述节点 i 的额定负荷；$e_{i2} \sim e_{i4}$ 描述以相应的节点为端点的边的额定负荷。ET 中的元素的顺序和 LT 中的元素的顺序一致。额定负荷一般采用电流的单位（A）做量纲。

定义 N 行 4 列的归一化负荷邻接表 $L_n T$，其中的元素分别等于 LT 中相应位置元素转化为电流的单位（A）后与 ET 中相应位置元素之比，反映了各个负荷的相对轻重程度，若 $L_n T$ 中某个元素大于 1.0 则表示相应的节点（开关）或边（馈线段）过负荷，在实际应用时可稍许留有余量。

式（6-43）描述了将负荷 $S_{i,j}$ 转化为电流量纲的方法。

$$I_{i,j}=\left| \frac{S_{i,j}}{\sqrt{3}U} \right|=\left| \frac{P_{i,j}+jQ_{i,j}}{\sqrt{3}U} \right| \tag{6-43}$$

式中：U 为配电网的额定电压。

6.2.2 基于变结构耗散网络模型的配电网分析

1. 连接系分解

对于一个给定的配电网络，从其网基结构邻接表 D 中搜索出它的各个连接系，并得出相应的节点数组的过程称作连接系的分解。

为了实现连接系的分解，首先需要建立 $1 \times N$ 的主变电站 10kV 出线开关分布矩阵 MS（若第 i 个节点是主变电站 10kV 出线开关，则 $ms_i = 1$，否则 $ms_i = 0$），建立节点分解矩阵 VS，建立连接队列 QC，然后可以采取如下步骤：

（1）$n = 0$。清零节点分解矩阵 VS 中的元素，清零连通队列 QC。

（2）$n = n + 1$。按顺序从 MS 中取出一个不为 0 的元素 v_i，并将 MS 中相应的元素 ms_i 清零；将 v_i 放入连通队列 QC 中。

（3）从连通队列 QC 首取出一个节点 v_k，并将 VS 中相应的元素 vs_k 置为 n；在网基结构矩阵 D 中查找，若 v_k 存在邻接节点 v_j，若 v_j 不在 QC 队列中，且 $v_{sj} \neq n$，则将 v_j 放入 QC 队列尾部，并使 $ms'_j = 0$。

（4）判断队列 QC 是否空？若是则进行下一步，否则回到（3）。

（5）判断 $\sum\limits_{i=1}^{N} ms_i$ 是否为 0。若是则进行下一步，否则回到（2）。

（6）n 为所研究网基中所含连接系的个数，第 i 个连接系 CN_i 中的节点数组为 VS 中取值为 i 的节点的集合。

2. 最小配电区域分解

为了实现最小配电区域的分解，可以采取下列步骤：

（1）将 ST_1 中的非 T 接点和母线节点对应的元素为 1，其余元素为 0；将 ST_2 中的 T 接点和母线节点对应的元素为 1，其余元素为 0；清零 VP_1 和 VP_2 中的元素，清零队列 QO；设置区域编号寄存器 m 的初值为 0。

（2）$m = m + 1$，按顺序从 ST_1 中取出一个参数不为 0 的节点 v_i，并将 ST_1 中相应的元素清零；将 v_i 放入队列 QO 中。

（3）从队列 QO 首取出一个节点 v_k，将节点 v_k 在 VP 中对应的元素的值置为 m。若 v_k 存在相邻节点，检查这些相邻节点中是否有 T 接点或母线节点，若没有则直接进行（4）；若有则将这些 T 接点或母线节点中在 ST_2 中的对应元素为 1 的节点存入队列 QO 尾部，并清零 ST_2 中的对应元素；将这些 T 接点或母线节点在 VP 中对应的元素的值置为 m。

（4）判断队列 QO 是否空。若是则进行下一步，否则回到（3）。

（5）判断 ST_1 中的元素是否均为 0。若是则进行下一步，否则回到（2）。

（6）m 为网络中所含区域的个数，第 i 个区域所包含的节点为 VP_1 和 VP_2 中取值为 i 的节点的集合。

在上述步骤中，对 VP 置数的操作过程是：若 VP_1 中的相应元素为 0，则设置 VP_1 中的元素的值；若 VP_1 中的相应元素不为 0，则设置 VP_2 中的元素的值。设置两个 1 行 N 列的矩阵 VP_1 和 VP_2 的目的是为了避免某个节点既是某个最小配电区域的端点，又是另一个最小配电区域的端点的情形下造成的重叠。

3. 基形变换

对于一个给定的开环运行的 N 节点配电网络，其网架也即网基邻接表 D 是确定的，而其开关节点的状态是变化的。每一组开关状态对应一种运行方式，也即对应一个网形邻接表 C。根据 D 和开关的当前状态向量 M 求出反映配电网运行方式的网形邻接表 C 的过程，称为基形变换。

开环运行的配电网的 C 邻接表具有下列性质：①处于分闸状态的节点（包括末梢点）只能作为弧的终点。②除了 T 接点和母线节点之外的节点的出度不大于 1，T 接点的出度不大于 2。③处于合状态的节点的入度不大于 1。

上述性质是基形变换的依据，基形变换的具体步骤如下：

（1）将电源节点的序号填入起点队列 QS 中。

（2）从起点队列 QS 首取出一个节点作为当前起点，并判断该节点是否处于合状态，若是则进行下一步，否则进行（4）。

（3）查阅 D，搜寻是否存在以当前起点为端点的边，若存在这样的边，则考察 C，看该边的方向是否已明确，若尚未明确，则一定存在从当前起点发出的弧，将这些弧填入 C 中，将它们终点当中处于合状态的节点的序号填入起点队列中。

（4）判断起点队列是否空。若是则退出，否则回到（2）。

4. 点区变换

已知配电网中各节点的负荷，根据网形邻接表 C，可以计算出各个最小配电区域的负荷，这个过程称为点区变换。

对于一个最小配电区域 A，设 $\dot{s}_A$ 表示最小配电区域 A 的负荷（复功率）；$\dot{s}_i$ 和 $\dot{s}_j$ 表示流过节点 i 和 j 的负荷（复功率）。

若节点 i 为最小配电区域 A 的始点，β 为其末点的集合，则根据流过该最小配电区域的端点的负荷计算该最小配电区域的负荷（即点区变换）的表达式为

$$\dot{s}_A = \dot{s}_i - \sum_{j \in \beta} \dot{s}_j \qquad (6-44)$$

根据式（6-44），有

$$p_A = p_i - \sum_{j \in \beta} p_j \qquad (6-45)$$

$$q_A = q_i - \sum_{j \in \beta} q_j \qquad (6-46)$$

5. 区点变换

已知配电网中各个最小配电区域的负荷，根据网形邻接表 C，可以计算出其各个端点的负荷，这个过程称为区点变换。

对于一个节点 i，假设其下游最小配电区域的集合为 φ，则根据集合 φ 中的最小配电区域的负荷计算流过节点 i 的负荷（即区点变换）的表达式为

$$\dot{s}_i = \sum_{A \in \varphi} \dot{s}_A + \sum_{j \in \psi} \dot{s}_j \qquad (6-47)$$

式中：$\dot{s}_A$ 表示最小配电区域 A 的负荷（复功率）；$\dot{s}_i$ 和 $\dot{s}_j$ 分别表示流过节点 i 和 j 的负

荷（复功率）；ψ 表示节点下游分布式电源节点的集合。

根据式（6-47），有

$$p_i = \sum_{\Lambda \in \varphi} p_\Lambda + \sum_{j \in \psi} p_j \tag{6-48}$$

$$q_i = \sum_{\Lambda \in \varphi} q_\Lambda + \sum_{j \in \psi} q_j \tag{6-49}$$

例如，对于如图 6.10（a）所示的配电网，S_1 和 S_4 来自主变电站的 10kV 出线，S_2 和 S_3 为分布式电源，配电自动化终端采集得到的流过各个节点的负荷如"（ ）"内数值所示，单位 kW+jkvar。

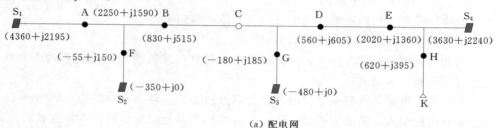

(a) 配电网

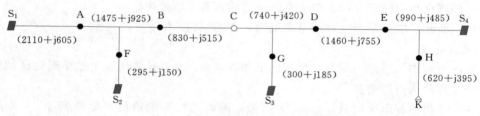

(b) 各最小配电区域的负荷图

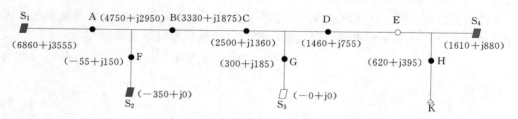

(c) 拟采取负荷转移措施形成的运行方式

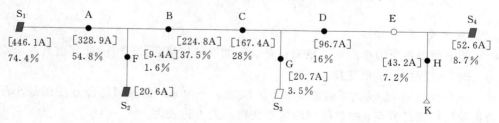

(d) 拟采取负荷转移措施后的各节点电流和归一化负荷图

图 6.10　基于变结构耗散网络模型的配电网分析示例

经过点区变换后，得到的各个最小配电区域的负荷如图 6.10（b）所示中"（ ）"内数值所示，单位 kW＋jkvar。

假设拟采取负荷转移措施形成如图 6.10（c）所示的运行方式，且分布式电源 S_2 的出力不变，但分布式电源 S_3 停运，经过区点变换可以得到流过各个节点的负荷如"（ ）"内数值所示，单位 kW＋jkvar。

假设馈线电压为 10kV，馈线及开关的额定容量均为 600A，则拟采取负荷转移措施后流经各个节点的电流和归一化负荷如图 6.10（d）所示。可见，采取负荷转移措施后并未造成过负荷，因此该负荷转移方案是可行的。

6. 近似潮流计算

配电网的变结构耗散网络模型是针对一些配电自动化系统大量缺乏量测数据而提出的，一般只能得出配电网的负荷分布，若要分析线路的损耗和沿线电压分布，仍需要进行潮流计算。但是，由于缺少负荷量测数据，使得严格的潮流计算难以进行。

实际上，对于配电自动化系统，各个最小配电区域的负荷是可以根据安装在其端点的配电自动化终端设备（包括 FTU、DTU 等）上报的采样数据经过点区变换后获得的，只是由于配电自动化终端设备的安装数量稀少，最小配电区域的划分不够精细，往往一个最小配电区域中包含了许多馈线段和许多负荷。对于电缆馈线，如果所有环网柜都装有配电自动化终端设备，最小配电区域的划分往往比较精细；对于架空馈线，如果仅仅在馈线开关处安装配电自动化终端设备，则各个最小配电区域的范围则往往比较大。

将最小配电区域的总负荷观测数据分配到其中的各个配电变压器上，可以进行近似潮流计算，负荷分配可以采用下列原则：

（1）按照各个配电变压器的额定容量分配。

（2）按照各个配电变压器的抄见电量分配。

（3）按照所掌握的各个配电变压器的工作特性（如负荷特性、负荷曲线等）分配。

当然，为了进行近似潮流计算，还需要建立配电网的等值模型，并采用 6.1 节描述的潮流计算方法。

6.2.3 变结构耗散网络模型的应用

应用配电网的变结构耗散网络模型可以实现配电自动化系统的应用功能，并且具有需要观测数据少和简单明了的优点。

6.2.3.1 网络拓扑和运行方式跟踪

根据配电网的连接关系，建立网基邻接表 D、母线数据结构 B、节点与边的关联矩阵 E、区域数据结构 A、节点类型向量 T 等，并进行连接系分解和最小配电区域分解，可以描述配电网的网架结构。

建立节点状态向量 M，并根据配电自动化终端实时采集的馈线开关的状态动态刷新节点状态向量 M 中的元素，当监测到有开关的状态发生改变时，进行基形变换生成网形邻接表 C，以实现运行方式跟踪。

6.2.3.2 区域负荷实时监测与配电网负荷预测

根据反映配电网当前运行方式的网形邻接表 C 和安装于各个馈线开关处的配电自动

化终端采集到的流过开关的负荷信息，实时进行点区变换，可以得到各个最小配电区域的实时负荷，掌握各个最小配电区域的用电情况。

将各个最小配电区域的负荷定时存储形成历史记录，有助于掌握各个最小配电区域的负荷规律。尽管馈线的负荷会由于受到配电网运行方式改变等的影响而导致规律性较难把握，但是最小配电区域的负荷则不受运行方式改变的影响，因此规律性较强，能够得到比较好的负荷预测结果。

在各个最小配电区域负荷预测的基础上，根据拟采取运行方式对应的网形邻接表 *C*，进行区点变换，可以得出馈线以及流过各个开关的负荷预测结果，并且预测准确度不受运行方式频繁调整的影响。

6.2.3.3 负荷转移仿真与运行安全评估

在配电自动化系统的研究态下，可以由人机界面操作馈线开关分闸或合闸，以模拟负荷转移过程中的运行方式切换。假设负荷转移操作前后各个最小配电区域的负荷未发生变化，则负荷转移操作的效果可以采取下列步骤获得：

（1）根据负荷转移操作后的各个开关状态进行基形变换，生成反映负荷转移操作后运行方式的网形邻接表 *C*。

（2）基于网形邻接表 *C* 和负荷转移前各个最小配电区域的负荷，进行区点变换，得到负荷转移操作后流经各个开关的负荷。

（3）根据额定负荷邻接表 *ET* 计算负荷转移操作后流经各个开关的负荷的归一化负荷邻接表 L_nT，从而对是否存在过负荷问题进行评估。

在配电自动化系统的研究态下，根据各个最小配电区域的负荷预测结果、导入典型时期各个最小配电区域的负荷或人工对各个最小配电区域输入特定负荷，然后进行区点变换和计算流经各个开关的归一化负荷，还可以人为改变运行方式后进行上述过程，即可实现未来或特定时期或特定负荷条件下配电网运行安全评估。

6.2.3.4 故障定位与优化恢复供电

基于变结构耗散网络模型可以方便地实现 5.2 节论述的集中智能配电网故障定位与优化恢复供电。

1. 故障定位判据

（1）故障电流判据。对于一个最小配电区域，若其始点经历故障电流，且所有末点都未经历故障电流，则故障发生在该最小配电区域。

（2）故障方向判据。对于一个最小配电区域，若其所有经历故障电流的端点的故障功率方向都指向区域内，则故障发生在该最小配电区域。

判据（1）一般适用于无分布式电源的开环运行配电网。对于存在分布式电源并网的情形，若分布式电源容量很小或通过逆变器并网，由于故障时提供的短路电流很小，也可采用判据（1）进行故障定位。

例如，对于如图 6.11 所示的含分布式光伏电源的开环运行配电网，S_1 来自主变电站的 10kV 出线，S_2 为分布式电源，节点 A、B 和 F 围成的区域内发生故障，则 S_1 和 A 经历故障电流，尽管分布式电源 S_2 也向故障点注入短路电流，但是因其容量较小、且经逆变器并网，因此提供的短路电流很小，未超过 S_2 和 F 的阈值。根据故障现象由判据（1）很容易可以判断出故障发生在节点 A、B 和 F 围成的区域。

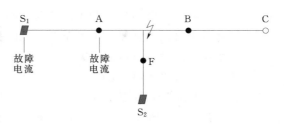

图 6.11 判据（1）应用示例

判据（2）对于配电网普遍适用，但是设备的配置需要能够判断故障功率方向。

例如，对于如图 6.12（a）所示的含分布式电源的闭环运行配电网，S_1 和 S_3 来自主变电站的 10kV 出线，S_2 为大容量分布式电源，节点 A、B 和 F 围成的区域内发生故障，则 S_1、A、B、C、S_3、F 和 S_2 都经历故障电流，且故障功率方向如图 6.12 中箭头所示。根据故障现象和判据（2），节点 A、B 和 F 围成的区域的端点 A、B 和 F 经历故障电流，且故障功率方向都指向区域内，则故障发生在该最小配电区域。

对于如图 6.12（b）所示的含小容量分布式光伏电源的闭环运行配电网，S_1 和 S_3 来自主变电站的 10kV 出线，S_2 为大容量分布式电源，节点 A、B 和 F 围成的区域内发生故障，则 S_1、A、B、C、S_3 经历故障电流，且故障功率方向如图 6.12 中箭头所示。尽管分布式电源 S_2 也向故障点注入短路电流，但是因其容量较小，且经逆变器并网，因此提供的短路电流很小，未超过 S_2 和 F 的阈值。根据故障现象和判据（2），节点 A、B 和 F 围成的区域的端点 A 和 B 经历故障电流，且故障功率方向都指向区域内，则故障发生在该最小配电区域。

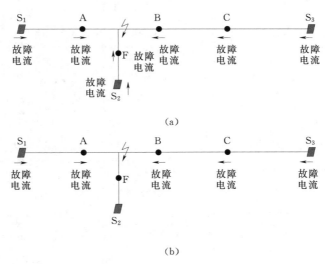

图 6.12 判据（2）应用示例

2. 健全区域优化恢复供电

故障隔离后，受故障影响的下游健全区域的负荷只能在故障所在连接系中转移，因此其可能的恢复供电策略是少量的，甚至可以采取枚举的方法获得。

假设故障处理前后各个最小配电区域的负荷未发生变化，对于各个可能的恢复供电策略，分别进行基形变换，得到反映相应的网形邻接表 C，分别进行区点变换，得到各个恢复策略下流经各主变电站出线开关的负荷和归一化负荷。

可以将各个可能的恢复供电策略中，流经各主变电站出线开关的归一化负荷的最大值最小的方案作为最优供电恢复方案。

例如，对于如图 6.13（a）所示的开环运行配电网，S_1、S_2 和 S_3 来自主变电站的 10kV 出线，流过各个节点的负荷如"（ ）"内数值所示，各个最小配电区域的负荷如"〈 〉"内数值所示，假设各个负荷的功率因数相同，因此负荷采用电流量纲（A）。假设各条馈线和开关的额定容量都为 600A。

假设节点 S_1 和 A 围成的区域内发生故障，则故障隔离后健全区域的 3 种恢复方案分别如图 6.13（b）～（d）所示，对应的流过各个节点的负荷如相应图 6.13 中"（ ）"内数值所示。可见，流经各主变电站出线开关的归一化负荷的最大值最小的方案是图 6.13（c）对应的方案，即最优供电恢复方案。

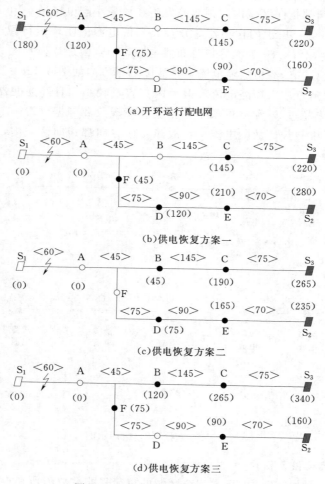

(a)开环运行配电网

(b)供电恢复方案一

(c)供电恢复方案二

(d)供电恢复方案三

图 6.13　健全区域优化恢复示例

6.2.3.5　配电网络重构

基于变结构耗散网络模型的配电网络重构策略生成过程如下：

（1）根据需要设立相应的目标函数。

（3）以某种搜索策略改变运行方式。

（3）基形变换得到该方式的网形邻接表 C，区点变换该方式下流经各开关的负荷和归一化负荷。

（4）计算该方式的目标函数。

（5）判断是否符合终止条件。若是则推出，否则返回（2）。

6.2.3.6　其他应用

基于变结构耗散网络模型，还可以实现配电网面积断电快速恢复、配电网静态安全分析、配电网调度仿真、单相接地处理等，可参见相关文献。

6.3　配电网短期负荷预测

6.3.1　配电网短期负荷预测研究现状

短期负荷预测是指对未来一天或几天的负荷数据做出估计，它是电力系统调度运营部门的一项重要日常工作，是制定配电网运行方式和实现优化运行的主要依据，也是校核配电网安全的重要依据。综上所述，无论从经济运行角度还是从安全运行角度来讲，配电网短期负荷预测都具有十分重要的意义。

长期以来，国内外学者对短期负荷预测的理论和方法作了大量的研究工作，提出了多种各具特点的预测方法。

文献［29］提到传统的 Box-Jenkins 预测方法是 20 世纪 80 年代之前的主要负荷预测方法。但其建模所需统计特征难以确定，对非平稳状态难以辨识。文献［30］和文献［31］采用了 AR 和 ARMA 预测方法。应用该方法历史负荷被假定为平稳过程，但是对大多数的实际情况这种假设并不成立。上述方法需要大量的历史数据来建立最佳预测模型，在历史数据不够充分的情况下，可能得不到最佳模型，且该方法不能很好地反映负荷与一些影响负荷变化因素的内在关系。

20 世纪 90 年代以来，灰色预测模型开始被应用于电力负荷预测。其优点是建模时不需要计算统计特征量，从理论上讲，可以适用于任何非线性变化的负荷指标预测，不足之处是其微分方程指数解比较适合于具有指数增长趋势的负荷，而对于具有其他趋势的情形则有时拟合灰度较大。

人工神经网络是一种非线性预测方法，适于解决时间序列预测问题（尤其是平稳随机过程的预测），在电力系统负荷预测中进行应用在理论上是可行的。1991 年 Park D. C 等人第一次将 ANN 应用于电力系统负荷预测，并取得了令人满意的结果。人工神经网络具有很好的函数逼近能力且在预测中不需要任何负荷模型，如果网络结构、学习方法和相关影响因素选择恰当，能得出较好的预测结果。

文献［34］提出了简单易行的模糊短期负荷预测方法，由于模糊预测系统的自适应能力，使系统具有较强的自适应性和预测精度的鲁棒性；文献［35］集中讨论了模糊集理论在短期负荷预测中的广泛应用。文献［36］提到 Hiroyuki Mori 等人为了建立优化的模糊负荷预测系统，利用梯度算法，引入学习参数来优化模糊系统的代价函数。虽然模糊理论在电力系统负荷预测中取得了较好的成就，但随着模糊理论更深入的研究和应用，模糊理论暴露了一些不足，如模糊的学习能力比较弱，当其映射区域划分不够细时，映射输出比较粗糙等。

文献［37］利用了专家系统的启发式推理方法，将经验丰富的电力系统调度人员的知识和经验提取出来，用于处理有突变干扰情况下的负荷预测，形成了一种可用于多种复杂干扰因素时的电力系统日负荷预测及启发推理综合解法。这些新方法改进了传统的负荷预测方法，对提高精度、消除数值的不稳定是有益的。专家系统法需要对一段时间的数据进行精确的分析，从而得出各种可能引起负荷变化的因素，其分析本身就是一个耗时的过程，并且某些复杂的因素（如天气因素）即使知道其对负荷的影响，但要准确、定量地确定他们对负荷的影响也常常是很困难的事。

Bates 和 Granger 证明了两种或两种以上无偏的单项预测可以组合出优于每个单项的预测结果，能有效地提高预测精度。所以结合各种预测模型优点的组合方法得到了越来越多的关注。文献［39］和文献［40］分别提出了变权系数组合预测模型——基于神经网络的组合预测模型和固定权系数组合预测模型——基于遗传算法的组合预测模型并取得了较好的效果。但是，由于组合预测的精度一方面依赖于组合预测模型，另一方面还依赖于每个单项模型。因此，提高单项模型的预测精度是取得较高精度组合预测模型的前提。

近年来还有大量的学者研究了基于支撑向量机的短期负荷预测方法，基于人工免疫网络的短期负荷组合预测以及粗糙集信息熵与自适应神经网络模糊系统相结合的短期负荷预测模型及方法等。

在为数众多的短期负荷预测方法中，有两类方法值得特别关注，它们是非参数概率密度预测法和基于小波分析的短期负荷预测法。

非参数概率密度预测法是根据历史负荷数据形成负荷的概率密度函数，然后再通过计算来得到未来负荷的预测值的预测方法。该方法可以将温度对负荷的影响考虑进去，得出的结果是预测时刻负荷的概率密度，其数学期望值反映预测时刻负荷预测结果的均值，标准差反映预测时刻负荷预测结果的分散程度。根据数学期望和标准差得出预测时刻负荷预测结果的置信区间，因此这种方法能够较好地反映负荷预测中的不确定性。

大量观察表明，日负荷曲线具有潜在的周期性，文献［47］将小波分析应用于短时负荷预测，敏锐地意识到小波分析的优点正是可以尝试解决电力系统负荷分析难点的利器，开辟了从小波分析方法入手的途径。小波分析应用于负荷预测主要分为 3 部分：

（1）用小波变换将历史数据分解到不同的尺度上。

（2）在每个尺度上分别应用不同的方法进行预测。

（3）将各尺度上的预测序列进行信号重构得出负荷预测结果。

文献［48］在进行小波变换后采用周期自回归模型有选择地对分解序列进行预测；文献［49］对不同的子负荷序列分别采用相应的模型进行预测；文献［50］应用感知机神经网络（MLP）在各尺度域对小波序列进行建模和预测，采用周期自回归移动模型（PARIMA）对尺度变换序列进行建模和预测最后利用径向基函数网络（RBF）综合各尺度域的预测，生成负荷序列的最终预报；文献［51］在各个尺度上分别应用不同的神经网络进行预测，且将各尺度上的预测序列用一个神经网络进行组合得出负荷预测结果；文献[52]在进行短期负荷预测时将Kohonen自组织神经网络和小波分析结合起来，Kohonen自组织神经网络被用来对历史数据进行分类，小波变换被用来预测。然而这几种方法都没有有效地考虑天气因素对负荷的影响。

文献[53]在对历史数据进行小波变换后，将所得小波系数作为卡尔曼滤波器的状态变量利用自回归卡尔曼算法得出小波系数的预测量，再将所得的预测量进行小波逆变换求得对负荷的预测，该文在此基础上提出了两种预测模型（天气敏感与天气不敏感模型），从预测结果来看气象敏感模型所得结果较为精确。文献[54]采用小波变换对日负荷数据进行分解处理，在此基础上将小波分量分解为受气象因素影响的部分与不受气象因素影响的部分之和，对受气象因素影响的部分采用回归方法建立气象因素影响模型；对不受气象因素影响的部分，幅值大的分量建立回归神经网络预测模型，进行重点预测，而对幅值小的分量建立线形 ARMA（p，q）模型，提高了建模效率。

6.3.2 非参数概率密度短期负荷预测法

1. 历史数据准备

用 $s_{P,ij}$ 表示第 j 天第 i 个时刻的负荷值，用 T_{ij} 表示第 j 天第 i 个时刻的温度值。i 一般取 $1 \sim M$，j 一般取 $1 \sim N$，M 通常取 24、48 或 96，分别表示以小时、半小时或 15min 为负荷数据间隔，N 一般取 5 的倍数（对于工作日）或 2 的倍数（对于双休日）或其他（对于其他节假日或相似工作日）。

在进行负荷预测前，对于已掌握的历史数据中若存在个别异常的奇异数据，应采取插值修正措施或将该组数据删除。对于工作日（周一至周五）中的节假日（五一、元旦、国庆节和春节等）的历史数据应与双休日的数据同等对待，对于双休日（周六、周日）中的工作调整日的历史数据应与工作日的数据同等对待。

用于负荷预测的历史数据如表 6.2 所示。

表 6.2 用于负荷预测的历史数据

时刻	第 1 天		第 2 天		第 3 天		...	第 N 天	
t_1	T_{11}	$s_{P,11}$	T_{12}	$s_{P,12}$	T_{13}	$s_{P,13}$	...	T_{1N}	$s_{P,1N}$
t_2	T_{21}	$s_{P,21}$	T_{22}	$s_{P,22}$	T_{23}	$s_{P,23}$	...	T_{2N}	$s_{P,2N}$
t_3	T_{31}	$s_{P,31}$	T_{32}	$s_{P,32}$	T_{33}	$s_{P,33}$	...	T_{3N}	$s_{P,3N}$
$\vdots$	$\vdots$		$\vdots$		$\vdots$		$\vdots$	$\vdots$	
t_M	T_{M1}	$s_{P,M1}$	T_{M2}	$s_{P,M2}$	T_{M3}	$s_{P,M3}$		T_{MN}	$s_{P,MN}$

2. 负荷的归一化

假设平均负荷的变化比较缓慢，定义瞬时负荷与平均负荷的比为归一化负荷，用 $\bar{s_P}$ 表示，即

$$\bar{s_P} = \frac{s_P}{s_{P,avg}} \qquad (6-50)$$

其中

$$s_{P,avg} = \frac{1}{N \times M} \sum_{i=1}^{M} \sum_{j=1}^{N} s_{P,ij} \qquad (6-51)$$

137

式中：$s_{P,avg}$ 为平均负荷。

一般情况下，归一化负荷可以看做是各态历经的随机过程，可以根据其历史数据掌握其规律（即概率密度）。在温度为 T 时，归一化负荷的概率密度可表达为

$$f_t(s_P^-,T) = \frac{\sum\limits_{j=1}^{N} \exp -\left[\dfrac{(s_P^- - s_{P,tj}^-)^2}{2h_{st}^2} + \dfrac{(T - T_{tj})^2}{2h_{Tt}^2}\right]}{2\pi n h_{st} h_{Tt}} \qquad (6-52)$$

其中

$$h_{st} = \sigma_{st}(1-\rho_t^2)^{\frac{5}{12}}\left(1+\frac{\rho_t^2}{2}\right)^{-\frac{1}{6}} N^{-\frac{1}{6}} \qquad (6-53)$$

$$h_{Tt} = \sigma_{Tt}(1-\rho_t^2)^{\frac{5}{12}}\left(1+\frac{\rho_t^2}{2}\right)^{-\frac{1}{6}} N^{-\frac{1}{6}} \qquad (6-54)$$

$$\sigma_{st} = \sqrt{\frac{1}{n-1}\sum_{j=1}^{N}(s_{P,tj}^- - s_{Pt,avg}^-)^2} \qquad (6-55)$$

$$\sigma_{Tt} = \sqrt{\frac{1}{n-1}\sum_{j=1}^{N}(T_{tj} - T_{t,avg})^2} \qquad (6-56)$$

$$s_{Pt,avg}^- = \sum_{j=1}^{N}\frac{s_{P,tj}^-}{N} \qquad (6-57)$$

$$T_{t,avg} = \sum_{j=1}^{N}\frac{T_{tj}}{N} \qquad (6-58)$$

$$\rho_t = \frac{\sum\limits_{j=1}^{N}(s_{P,tj}^- - s_{Pt,avg}^-)(T_{tj} - T_{t,avg})}{\sqrt{\sum\limits_{j=1}^{N}(s_{P,tj}^- - s_{Pt,avg}^-)^2}\sqrt{\sum\limits_{j=1}^{N}(T_{tj} - T_{t,avg})^2}} \qquad (6-59)$$

式中：$s_{P,tj}^-$ 代表第 j 天要预测时刻的 s_P^- 的值；T_{tj} 代表第 j 天要预测的时刻 T 的值；h_{st} 和 h_{Tt} 分别为负荷和温度的平滑系数；σ_{st} 和 σ_{Tt} 分别为要预测时刻的归一化负荷和温度的标准差；ρ_t 为要预测时刻 t 的负荷历史数据与温度历史数据的相关系数；$s_{Pt,avg}^-$ 和 $T_{t,avg}$ 分别为要预测时刻的归一化负荷和温度的均值。

在归一化负荷和温度构成的平面，式（6-35）描述的归一化负荷的概率分布如图 6.14 所示，该曲面下围空间的积分为 1.0。

3. 负荷预测结果的数字特征

要预测时刻 t，在温度为 T_t 时的条件概率密度函数 $f_t(s_P^- \mid T_t)$ 为图 6.14 所示曲面的一个切面的边线，为了使该边线下围面积的积分

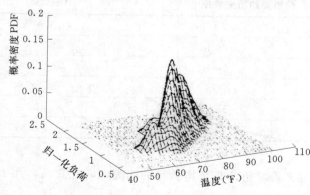

图 6.14　归一化负荷的概率分布

为 1.0，有

$$f_t(s_P^- \mid T_t) = C f_t(s_P^-, T_t) \qquad (6-60)$$

其中 C 是常数，可确定为

$$\int_{s_{P}^{-},MIN}^{s_{Pt}^{-},MAX} f_t(s_P^- \mid T_t) \mathrm{d}(s_P^-) = 1 \tag{6-61}$$

式中：$s_{Pt,MAX}^-$ 和 $s_{Pt,MIN}^-$ 分别为未来要预测日子的要预测时刻的 s_P^- 可能出现的最大值和最小值。

在负荷历史数据中，可以确定在过去的日子里的要预测时刻，归一化负荷的最大值 $s_{Pt,max}^-$ 和最小值 $s_{Pt,min}^-$，即

$$s_{Pt,max}^- = \max[s_{P,tj}^-] \tag{6-62a}$$

$$s_{Pt,min}^- = \min[s_{P,tj}^-] \tag{6-62b}$$

但是在未来要预测日子的要预测时刻，归一化负荷的最大值和最小值有可能超过式（6-62）描述的范围。假设在一段时期内归一化负荷的方差基本稳定，并且考虑到归一化负荷的概率密度近似呈正态分布，在 99.95% 的概率下，在未来要预测日子的要预测时刻，归一化负荷的最大值和最小值可以确定为

$$s_{Pt,MAX}^- = \max[s_{Pt,max}^-, s_{Pt,avg}^- + 3.5\sigma_{st}^-] \tag{6-63a}$$

$$s_{Pt,MIN}^- = \min[s_{Pt,min}^-, s_{Pt,avg}^- - 3.5\sigma_{st}^-] \tag{6-63b}$$

要预测时刻配电区域的归一化负荷预测均值 $\dot{s}_{Pt}^-$ 可以表示为

$$\dot{s}_{Pt}^- = E(s_P^- \mid T_t) = \int_{s_{Pt,MIN}^-}^{s_{Pt,MAX}^-} s_P^- f_t(s_P^- \mid T_t) \mathrm{d}(s_P^-) \tag{6-64}$$

要预测时刻配电区域的负荷预测均值 $\dot{s}_{Pt}$ 为

$$\dot{s}_{Pt} = E(s_P^- \mid T_t) s_{P,avg} = s_{P,avg} \dot{s}_{Pt}^- \tag{6-65}$$

要预测时刻配电区域的负荷预测标准差 σ_{st} 为

$$\sigma_{st} = \sigma_{st}^- s_{P,avg} \tag{6-66}$$

要预测时刻的负荷预测有 99.95% 的可能出现在区间 $[\dot{s}_{Pt} - 3.5\sigma_{st}, \ \dot{s}_{Pt} + 3.5\sigma_{st}]$ 范围内。

4. 超温度范围负荷预测的最小二乘拟合

由式（6-53）可见，上节描述的配电区域负荷预测方法存在一个问题，就是当要预测时刻的温度大于或小于历史数据中的最大的温度值或最小温度值时，将对归一化负荷的预测结果产生较大影响，所以以引入最小二乘法对温度与归一化负荷进行拟合来解决这个问题。

假设归一化负荷 s_{Pt}^- 与温度之间的关系为

$$s_{Pt}^- = a_t + b_t T_t \tag{6-67}$$

式中：a_t 和 b_t 为系数。

按照最小二乘法计算 a_t 和 b_t 的估计值的公式为

$$\dot{a}_t = s_{Pt,avg}^- - \dot{b}_t \overline{T}_t \tag{6-68}$$

$$\dot{b}_t = \frac{\sum\limits_{j=1}^{N} (T_{tj} - \overline{T}_t)(s_{P,tj}^- - s_{Pt,avg}^-)}{\sum\limits_{j=1}^{N} (T_{tj} - \overline{T}_t)^2} \tag{6-69}$$

式中：$\overline{T_t}$ 代表 t 时刻温度的平均值。

需要指出的是，只有在要预测时刻的温度大于或小于历史数据中的最大或最小温度值时，才使用最小二乘拟合的方法。

6.3.3 改进的基于小波分析的短期负荷预测法

6.3.3.1 提出问题

大量的实际观察表明在 7 月、8 月、9 月、12 月、1 月和 2 月，配电网的负荷与气象温度关系非常密切。文献［53］考虑了预测时刻的温度对负荷的影响。但是配电网的负荷波动，并不单纯地取决于当天气温，而是与预测时刻前一段时期内的热量积累有关，在夏季与冬季表现得尤为突出。文献［58］也指出日用电量的增减日期比气温的升降日期有时可略延后 1～2 天到来。而文献［53］中的基本小波-卡尔曼短期负荷预测方法没有考虑温度积累效应，因此在温度变化较大时，负荷预测结果的偏差较大。

此外，考虑到工作日（星期一至星期五）负荷与休息日（星期六和星期日）负荷的差异性，一般将工作日的负荷与休息日的负荷分别预测，即利用工作日的历史负荷数据和历史温度数据预测未来工作日的负荷，这样在预测星期一和星期二的负荷时，由于时间上跨过了星期六和星期日，对于温度的积累效应将不能准确地反映。因此在温度敏感季节，若上周末（如星期六和星期日）的温度变化比较大，则星期一和星期二的负荷预测结果则必然较差。由于同样的原因，在温度敏感季节，对于休息日（星期六和星期日）的负荷预测效果也较差，因为要跨过 5 个工作日的历史数据，更不便于考虑温度积累的影响。

6.3.3.2 改进方法

一种改进的小波-卡尔曼短期负荷预测方法解决了上述问题。改进小波-卡尔曼短期负荷预测方法，将日负荷分解为日平均负荷与波动部分的乘积，对两部分分别进行预测。

日负荷可以表示为

$$P_L(t) = MD(t) + v(t) \tag{6-70}$$

式中：$P_L(t)$ 为时刻 t 的负荷；M 为日平均负荷；$D(t)$ 为时刻 t 的负荷波动部分；$v(t)$ 为随机扰动。

利用人工神经网络预测日平均负荷，对于波动部分采用基本小波-卡尔曼滤波方法预测，然后相乘得到日负荷预测结果。

1. 日平均负荷预测

对温度与日平均负荷的历史数据的研究结果表明：虽然在全年范围内平均负荷与平均温度、最高温度和最低温度的相关系数不大，但是在夏季与冬季，平均负荷与 3 个温度分量有很强的相关性。表 6.3 为某市温度与日平均负荷的相关关系分析表。

文献［59］和文献［60］在分析了陕西和华中地区日用电量与温度的关系后也指出：日用电量存在明显的年、季、周变化周期（以周为周期的变化特性对于短期负荷影响较大），并且与平均气温的相关关系显著。在夏季（6～8 月）中各月用电量与平均气温呈显著正相关；在冬季中各月，用电量与平均气温为负相关，其中秋、冬之交的过渡季节 11 月用电量对气温的变化特别敏感。

温度条件 季节	最高温度	最低温度	平均温度
全年	0.0483	0.0394	0.0450
夏季	0.7937	0.8401	0.8613
冬季	−0.6666	−0.4294	−0.6470
春秋季	0.0185	0.0589	0.0399

表 6.3   **某市温度与日平均负荷的相关系数**

将日平均负荷进一步分解为温度敏感分量与温度不敏感分量两部分，即

$$M(i) = M_w(i) + M_b(i) \tag{6-71}$$

式中：$M(i)$ 为星期 i 的日平均负荷；$M_w(i)$ 为其温度敏感分量，它与温度 T 相关但是与星期（也即日期类型）无关；$M_b(i)$ 为其星期 i 的温度不敏感分量。

首先利用与温度变化不敏感的月份，（夏季可取 5 月，冬季可取 10 月）计算所关心月份的每天的温度不敏感分量 $M_b(i)$，即

$$M_b(i) = \frac{1}{K}\sum_{j=1}^{K} M(i,j) \quad (i=1,2,3,4,5,6,7) \tag{6-72}$$

式中：$M(i,j)$ 为温度变化不敏感月份第 j 周星期 i 的历史负荷数据；K 为所用数据的周数。

然后，求出所关心月份的温度敏感分量，即

$$M_w(i) = M(i) - M_b(i) \quad (i=1,2,3,4,5,6,7) \tag{6-73}$$

预测日平均负荷时，只需预测温度敏感分量 $M_w(i)$ 即可，温度不敏感分量 $M_b(i)$ 可由式（6-72）直接计算得出。

采用人工神经网络对温度敏感分量 $M_w(i)$ 进行预测，构造一个如图 6.15 所示的 4 层 BP 网络，输出节点为一个，即 $M_w(i)$。输入层具有 14 个输入节点，分别为：预测日前两天的实际温度敏感分量、预测日前 3 天的气象因素（每日包括最高温度、最低温度和平均温度）、预测日当天的气象因素（包括最高温度、最低温度和平均温度）。两个隐含层的节点数目均为 14，输入层与隐含层以及两个隐含层的神经元之间采用 Sigmoid 传递函数，输出层采用纯线性传递函数。

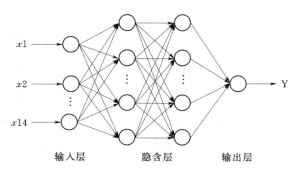

图 6.15 预测日平均负荷的神经网络结构

由于将连续 3 天的负荷与温度信息作为输入，而没有跨越周末（星期六和星期天），因此建立的日平均负荷预测器能够较好地考虑一段时间内温度积累的影响。

在实际应用中，可以将该 BP 网络分为夏季模型（5～9 月）和冬季模型（10～4 月）等两类，也可以根据实际月份采用相应的网络。

2. 日负荷波动部分的预测

对于波动部分在基本的小波-卡尔曼滤波的方法的基础上进行。尽管已经在日平均负荷预测中考虑了温度的影响，在对波动部分的预测中，仍然要采用温度敏感模型，因为只有这样才能将温度对日负荷曲线的局部形状的影响反映出来。考虑温度影响的预测模型为

$$D(t) = B(t) + W(t) + \omega(t) \tag{6-74}$$

其中

$$W(t) = \alpha(t)T(t) \tag{6-75}$$

式中：$D(t)$、$B(t)$ 和 $W(t)$ 分别表示 t 时刻日负荷的波动部分、温度不敏感部分和温度敏感部分；$\omega(t)$ 为随机扰动；$\alpha(t)$ 为系数函数。

负荷数据采用 $\Delta t = 15\text{min}$ 采样间隔，每天共 96 个数据。对 $D(t)$ 作 3 尺度分解，利用 MRA 分解算法可求得小波系数，进而有

$$\boldsymbol{D}(i) = \boldsymbol{WT}^{\mathrm{T}}\boldsymbol{WB} + \boldsymbol{T}(i)\boldsymbol{WT}^{\mathrm{T}}\boldsymbol{W}_a + v(i) \tag{6-76}$$

式中：$\boldsymbol{D}(i)$ 为第 i 天的负荷的波动部分；$\boldsymbol{WB}$、$\boldsymbol{WT}$ 和 $\boldsymbol{W}_a$ 分别为小波系数向量、小波变换矩阵和 $\alpha(t)$ 的小波系数向量；$\boldsymbol{T}(i)$ 为第 i 天各个时刻温度值的对角元素矩阵。

将小波系数视为状态变量，采用卡尔曼滤波算法得出小波系数的预测值，可建立状态方程和量测方程分别为

$$\boldsymbol{X}_{k+1} = \boldsymbol{\Phi}_k \boldsymbol{X}_k + \boldsymbol{V}_k \tag{6-77}$$

$$\boldsymbol{Y}_k = \boldsymbol{H}_k \boldsymbol{X}_k + \boldsymbol{W}_k \tag{6-78}$$

其中

$$\boldsymbol{X} = \begin{bmatrix} \boldsymbol{WB} \\ \boldsymbol{W}_a \end{bmatrix}$$

$$\boldsymbol{H}_k = \begin{bmatrix} \boldsymbol{WT}^{\mathrm{T}} & \boldsymbol{T}_K \boldsymbol{WT}^{\mathrm{T}} \end{bmatrix}$$

式中：k 为时间序列号；$\boldsymbol{\Phi}_k$ 为 192×192 的单位矩阵；$\boldsymbol{Y}_k$ 为量测变量，在此为 $D(t)$ 的实际采样序列；$\boldsymbol{W}_k$ 为量测噪声，$\boldsymbol{V}_k$ 为动态噪声，它们都是均值为零的白噪声。

Kalman 滤波中，在已知一步状态转移矩阵 $\boldsymbol{\Phi}_k$、观测矩阵 $\boldsymbol{H}_k$ 的前提下，还必须求得初始状态 $\dot{\boldsymbol{X}}_0$、$\dot{\boldsymbol{X}}_0$ 的误差方差阵 $\boldsymbol{P}_0$，以及噪声 $\boldsymbol{W}_k$、$\boldsymbol{V}_k$ 的方差阵。$\dot{\boldsymbol{X}}_0$ 可由波动部分的历史数据经小波变换得到，$\boldsymbol{P}_0$ 设为零，动态噪声 $\boldsymbol{V}_k$ 和量测噪声 $\boldsymbol{W}_k$ 的方差阵也可由历史数据统计求得，并认为其保持不变，将温度敏感函数 $\alpha(t)$ 的初值也置为零。

最后进行预测为

$$\dot{\boldsymbol{Y}}_{k+1} = \boldsymbol{H}_{k+1} \dot{\boldsymbol{X}}_{k+1} \tag{6-79}$$

式中：$\dot{\boldsymbol{Y}}_{k+1}$ 为波动部分的预测结果；$\dot{\boldsymbol{X}}_{k+1}$ 为根据前一天波动部分历史数据预测的小波系数序列。

6.3.3.3 实例测试与分析

分别采用基本小波-卡尔曼短期负荷预测方法和本节描述的改进小波-卡尔曼负荷预测法，对某市的负荷进行了预测，并与实际负荷进行了对比，结果表明：一般情况下，基本小波-卡尔曼短期负荷预测方法和本文提出的方法能够取得比较好的工作日负荷预

测结果；在温度不敏感季节，文献［61］中的温度敏感模型和温度不敏感模型的效果差不多；在温度敏感季节，文献［61］中的温度敏感模型比温度不敏感模型的效果显著好。

采用基本小波-卡尔曼短期负荷预测方法（即使采用温度敏感模型），在温度敏感季节，若周末的温度变化比较大，则接下来的星期一和星期二的负荷预测结果则较差。这是由于跨过了星期六和星期天而未能连续地考虑温度积累的影响的缘故。而采用改进小波—卡尔曼负荷预测法对上述情形进行预测，则仍然能够保持较高的预测准确度。图 6.16 清楚地反映了两种方法的这种差别。

预测周及其前一周的温度信息如表 6.4 所示。

表 6.4　　　　　　　　　　　预测周及前一周的温度信息（8 月）　　　　　　　　　单位：℃

时间	最低温度	平均温度	最高温度
上周一	21.5	26.05	30.6
上周二	21.2	26.50	31.8
上周三	21.5	26.65	31.8
上周四	22.7	24.85	29.0
上周五	22.0	24.75	29.5
上周六	23.4	28.10	32.8
上周日	18.6	20.15	21.7
预测周一	18.6	22.60	26.6
预测周二	18.7	24.35	32.0
预测周三	20.5	26.75	33.0
预测周四	19.7	26.40	34.1
预测周五	24.3	29.00	33.7

图 6.17 所示为采用基本小波-卡尔曼短期负荷预测方法和改进方法对休息日进行负荷预测的比较。由图 6.17 可见，从对休息日负荷的预测结果来看，改进方法明显优于基本小波-卡尔曼短期负荷预测方法。

由图 6.17 和表 6.4 可见，由于上周周末期间（周日）发生了温度的较大变化，最高温度由 32.8℃降到 21.7℃，最低温度由 23.4℃降到 18.6℃，基本小波-卡尔曼短期负荷预测方法因跨过了星期六和星期日这两天数据，因此未能较好地反映温度积累，造成星期一的预测偏差很大，星期二的预测偏差也比较大；周二至周三温度维持在一个相对稳定的范围内，热积累效应依然存在，而基本方法仅考虑了预测时刻的温度效应，造成了周三至周五也有较大的预测偏差。采用改进方法则避免了上述现象，预测准确度始终较高。与此类似在温度敏感季节的工作日发生温度突变时，改进方法预测准确度也高于基本小波—卡尔曼短期负荷预测方法的预测精度。

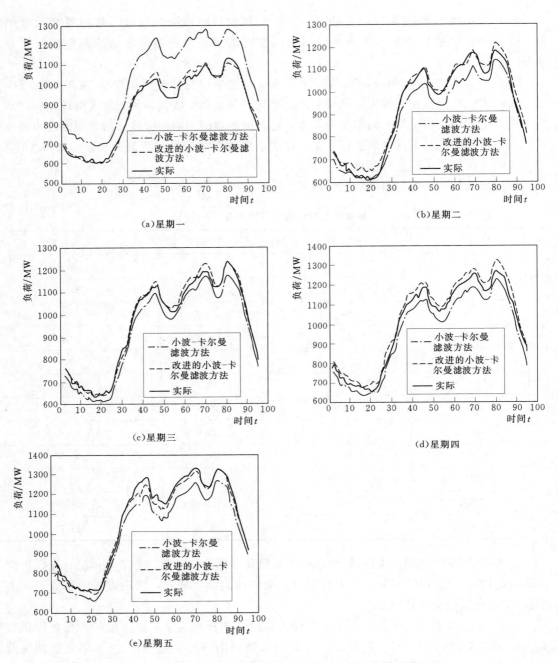

图 6.16　基本小波-卡尔曼法和改进方法的工作日负荷预测比较

6.3.4　配电网短期负荷的分区预测法

配电网具有运行方式灵活多变的特点，如果不考虑这些运行方式的变化，历史数据的规律性就会显得很弱，导致预测结果的随机性和误差范围加大。虽然一些具有学习和自适应机能的负荷预测方法（如人工神经网络、专家系统和灰色预测方法等）在运行方式调整

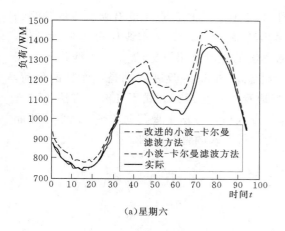 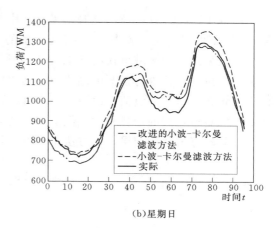

（a）星期六　　　　　　　　　　　　　　　　（b）星期日

图 6.17　基本小波-卡尔曼法和改进方法的休息日负荷预测比较

后具有一定的跟踪能力，但是过渡时间比较长。

尽管配电网运行方式的调整会使增/减负荷线路上游负荷的规律性减弱、随机性加强，但是由于配电网运行方式的调整是以由馈线分段开关或联络开关围成的配电区域为单元的，而这些配电区域内的负荷规律可以认为是不随运行方式的变化而改变的。因此，可以对各个配电区域的负荷分别进行预测，在此基础上合成流过出线开关和馈线开关的负荷预测结果，这样就能够避免因网络拓扑变化对配电网短期负荷预测结果产生的不利影响。

对配电网区域内负荷的预测，实际上是根据配电自动化系统采集的流过各个开关节点的负荷数据，并采取点区变换计算得出各个区域的负荷数据，以此数据作为区域的历史区域负荷数据，再加上历史温度信息，就构成了最小配电网区域内负荷预测的建模基础数据。

在配电区域负荷预测的基础上，可以进行全配电网负荷预测，具体步骤如下：

（1）根据配电网上各个开关的状态和网架结构（**D**），生成反映配电网当前运行方式的 **C** 邻接表，实现网络拓扑跟踪。

（2）将配电区域负荷预测结果作为 **ST** 邻接表中的馈线负荷，对于由于 T 接点造成的包含了几段馈线的配电区域，将其负荷预测值平均分配到区域内的各段馈线上，也可以根据掌握的负荷分配规律进行分配。

（3）进行区点变换，根据配电区域负荷预测结果计算出各个节点的负荷预测结果。

以如图 6.18 所示的某城两条手拉手配电线路为例，论述描述的基于区域负荷的配电网负荷预测方法的应用效果。

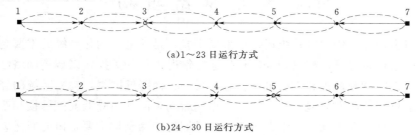

（a）1～23 日运行方式

（b）24～30 日运行方式

图 6.18　某城两条手拉手配电线路及其两种运行方式

图 6.19 为 11 月负荷的预测结果，其中图 6.19（a）为电源点 1 的有功功率的预测结果，图 6.19（b）为电源点 7 的有功功率的预测结果。图 6.19 中实线代表实际负荷值，点线代表采用基于区域负荷的配电网负荷预测方法的预测结果（方法 1），虚线代表仅仅根据电源点的负荷进行预测的结果（方法 2）。注意，图 6.19 反映的都是工作日的负荷，而没有包含节假日的负荷。由图 6.19 可以清楚地看出，在运行方式不变时，方法 1 和方法 2 都能获得良好的预测精度，但是在改变运行方式后，方法 2 要经过 2～3 天跟踪才能重新获得较好的预测结果，而方法 1 基本上不受运行方式调整的影响。

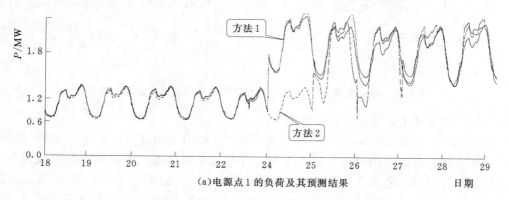

(a)电源点 1 的负荷及其预测结果

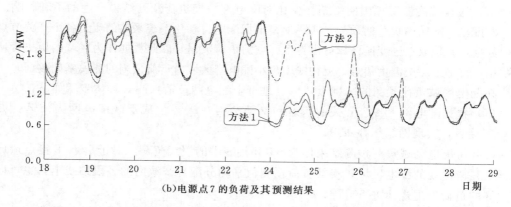

(b)电源点 7 的负荷及其预测结果

图 6.19　某城两条手拉手配电线路源点的负荷预测结果

6.4　配电网络重构

配电网络重构是优化配电系统运行的重要手段，是配电自动化系统的重要高级应用功能，在正常的运行条件下，配电调度员根据运行情况进行开关操作以调整网络结构，一方面均衡负荷，消除过载，提高供电电压质量；另一方面降低网损，提高系统的经济性。

配电网络重构的研究兴起于 20 世纪 80 年代后期，因其在降低配网网损和改善系统的安全方面的重要作用而受到不少学者的关注。早期的配网重构主要是研究通过怎样的供电路径给新用户供电可以使总的费用最小，即研究配网规划阶段的配网重构问题。随着对配电网络重构认识的逐步加深，开始研究配电自动化系统中加入网络重构是否可行，研究结果表明配电网络重构不仅在经济和技术上可行，而且可以优化配电系统的运行。目前，国内外学者所做的配电网络重构研究大都集中于降低线损、负荷均衡化，提高供电质量及最佳恢复受故障影响的健全区域供电等方面。

传统的配电系统规划要求一年或一季度进行一次网络重构。配电自动化系统的建立和不断完善使实时配电网络重构成为可能。

6.4.1 配电网络重构的数学模型

配电网络重构就是在保证配网呈辐射状（或准开环），满足馈线容量、电压降落要求和变压器容量等的前提下，确定使配电网的某一指标（如配电网的线损、负荷均衡或供电电压质量等）最佳的配电网运行方式。由于在配电网中存在大量的分段开关和联络开关，因而配电网络重构是一个多目标非线性混合优化问题。

配电网络重构的目标一般为降低配电网线损、负荷均衡化或健全区域最佳恢复供电，也有学者提出以提高供电可靠性、供电电压质量、电压稳定性为目标或综合上述多个指标为目标的配电网络重构。

下面介绍配电网络重构中常用的模型。

1. 配电网络重构的目标函数

配电网的线损包括线路上导线的损耗以及变压器的铜损及铁损等，一般通过配电网络重构只可以影响前者，所以线损最小的目标函数可表示为

$$\min L = \frac{\sum_{i=1}^{N_b} R_i(P_i^2 + Q_i^2)}{U_i^2} \qquad (6-80)$$

式中：N_b 为网络中的支路总数；P_i 和 Q_i 分别为流过支路 b_i 的有功功率和无功功率；R_i 为支路 b_i 的支路电阻；U_i 为支路 b_i 的末端电压。

负荷均衡化的目标函数可表示为

$$\min f = \sum_{i=1}^{N_b} \left| \frac{S_i}{S_{i,\max}} \right|^2 \qquad (6-81)$$

式中：S_i 和 $S_{i,\max}$ 分别为支路 b_i 的复功率和容量。

2. 配电网络重构的约束条件

（1）配电网的潮流约束。配电网网络重构必须满足配电网潮流方程。

（2）支路电流及节点电压约束为

$$\begin{cases} I_i \leqslant I_{i,\max} \\ U_{i,\min} \leqslant U_i \leqslant U_{i,\max} \end{cases} \quad (i=1,2,\cdots,n) \qquad (6-82)$$

式中：n 为系统节点数；$U_{i,\max}$ 和 $U_{i,\min}$ 分别为节点 v_i 允许电压上限和下限值；$I_{i,\max}$ 为支路 b_i 电流的上限。

（3）供电约束。配电网必须满足负荷的要求，一般不能有孤立节点（即孤岛）。

（4）网络拓扑约束。配电网一般为闭环设计、开环（或准开环）运行，这就要求重构后的配电网一般为辐射状（或准开环）。

（5）开关操作次数限制。为延长开关使用寿命，尽量减少网络重构过程中开关重复操作的次数。

（6）与继电保护及可靠性指标的协调。网络重构后，网络仍呈辐射状结构（或准开环），不会使继电保护变得复杂，但要保证网络重构不影响继电保护的可靠动作。

6.4.2 基于禁忌搜索算法的配电网络重构

配电网络重构的实质就是在满足上述约束条件下，通过改变网络中开关状态，优化配网的网络结构，从而改善配电系统的潮流分布，理想情况是达到最优潮流分布，使配电系统的线损最小或其他指标最优。由于在配网中开关数目巨大，配电网络重构是一个多目标非线性混合优化问题，处理多目标优化问题的方法之一就是降维优化方法，即选择一个主要的目标函数，把其他的目标作为约束处理。现有算法大多以线损最小为目标函数，在满足各种运行条件下，以线损最小为目标函数的配电网重构仍是一个非线性混合优化问题。由于配电网重构的非线性特性，每一次优化迭代均需要进行一次配电网潮流计算，连续的配电网潮流计算必然需要大量的计算时间。为了提高计算速度，保证得出最优或次最优的配电网结构，人们尝试了不同的方法来解决配电网重构的问题。解决配电网重构的算法主要有数学优化理论、最优流模式法（OFP，Optimal Flow Pattern）、支路交换法（BEM，Branch Exchange Method）和现代优化算法（如遗传算法、禁忌搜索算法、粒子群优化算法等）等几类。

禁忌搜索（Tabu）算法是一种性能优良的现代优化算法，本节仅以基于禁忌搜索算法的配电网络重构方案生成为例进行介绍。

1. 解的构成

在基于禁忌搜索算法的配电网络重构方案生成中，一般可以配电网上处于分闸状态的开关的序号的集合作为解的形式。对于当前解 $sw^{(k)}$，有

$$sw^{(k)} = \begin{bmatrix} sw_1^{(k)} & sw_2^{(k)} & \cdots & sw_M^{(k)} \end{bmatrix} \tag{6-83}$$

式中：$sw_i^{(k)}$ 为 $sw^{(k)}$ 中第 i 个处于分闸状态开关的序号；M 为解集合中元素的个数。

2. 适配值函数和约束条件

适配值函数和约束条件的设置如 6.4.1 中目标函数和约束条件的论述。

3. 邻域搜索

在禁忌搜索迭代过程中，不断地改变各个分闸开关节点的位置，这就是邻域搜索。

假设第 k 次迭代得到的解为 $sw^{(k)} = \begin{bmatrix} sw_1^{(k)} & sw_2^{(k)} & \cdots & sw_M^{(k)} \end{bmatrix}$，则进行邻域搜索得到的解集合 $CW^{(k)} = \begin{bmatrix} cw_1^{(k)} & cw_2^{(k)} & \cdots & cw_{2M}^{(k)} \end{bmatrix}$。

对于 $i = 1 \sim M$，有

$$cw_i^{(k)} = \begin{bmatrix} sw_1^{(k)} & sw_2^{(k)} & \cdots & sw_i^{(k)+} & \cdots & sw_M^{(k)} \end{bmatrix} \tag{6-84}$$

对于 $i = M \sim 2M$，有

$$cw_i^{(k)} = \begin{bmatrix} sw_1^{(k)} & sw_2^{(k)} & \cdots & sw_i^{(k)-} & \cdots & sw_M^{(k)} \end{bmatrix} \tag{6-85}$$

其中，$sw_i^{(k)+}$ 和 $sw_i^{(k)-}$ 分别表示当前分闸开关节点 $sw_i^{(k)}$ 的上游相邻节点和下游相邻节点，即分别将解向量中各个设置为分闸状态的开关改为合闸，而分别将其上游或下游相邻开关设置为分闸状态，将这样处理的每种情形都当做解集合中的一个元素。

$CW^{(k)}$ 中符合约束条件的且未被禁忌（即状态改变的开关在禁忌表中对应的禁忌次数为 0）的解构成的集合就是候选解集合 $DW^{(k)}$。

在 $DW^{(k)}$ 中若最佳候选解对应的适配值优于"best so far"状态，则忽视其禁忌特性（即藐视准则），将其作为 $sw^{(k+1)}$ 并用其替代"best so far"状态，并将其对应的新调整为分闸的开关节点的序号加入禁忌表（即将状态改变的开关在禁忌表中对应的禁忌次数设置为禁忌长度，一般为 2~5），同时修改禁忌表中各开关节点的禁忌次数（即对禁忌表中禁忌次数不为 0 的元素分别减 1）；若不存在上述候选解，则选择 $DW^{(k)}$ 中适配值最优的解作为 $sw^{(k+1)}$，而无视它与 $sw^{(k)}$ 的优劣，同时将相应的新调整为分闸的开关节点的序号加入禁忌表（即将状态改变的开关在禁忌表中对应的禁忌次数设置为禁忌长度，一般为 2~5），并修改禁忌表中各开关节点的禁忌次数（即对禁忌表中禁忌次数不为 0 的元素分别减 1）。

禁忌搜索算法就是反复重复上述邻域搜索过程，直至满足终止准则，最终得到的解向量对应的就是配电网络重构的最优方案。

6.4.3 考虑负荷变化的配电网络重构

6.4.1 节和 6.4.2 节描述的配电网络重构方法是以某个时间断面的配电网的运行数据为依据的，而实际上负荷是变化的，比如一天中的负荷变化就非常明显并且有规律。如果仅根据当前时刻的负荷情况进行网络运行方式调整，可能刚调整完不久该方式就会因为负荷的变化而需要再次调整，导致一段时期内过于频繁地改变运行方式，不仅增大了操作成本和操作风险，而且对用户正常用电也会造成影响。

本节以降低线路损耗的网络重构为例，介绍一种考虑负荷变化趋势的配电网络重构方案优化生成方法，可以得出在未来一段时间内都适合的少数几种优化运行方式，有助于避免不必要的方式切换。

考虑负荷变化的配电网络重构是依据负荷预测结果，寻求在未来一段时间内能够以较少的开关操作次数和个数达到较大收益的各种运行方式以及方式切换的时机。

考虑负荷变化的配电网络重构方案优化生成过程，可以采用下列步骤：

（1）配电区域负荷预测，可以采用 6.3 节描述的方法预测出各个区域未来的负荷情况。

（2）以一定的时间间隔 ΔT，根据进行相应时间断面的负荷预测数据 $f(n\Delta T)$，采用 6.4.1 节和 6.4.2 节描述的方法得出配电网络重构方案，其中 n 为非负整数，ΔT 的取法依负荷预测数据的时间间隔而顶，如半小时、1 小时等。这样得到一系列优化结果（即最优的运行方式安排时间表），如图 6.20（a）所示，图 6.20（a）中 A、B、C、D 和 E 代表运行方式。

（3）在第二步优化结果中，若相邻时间段有相同的方式，则将它们合并，如图 6.20（b）所示。

（4）在第三步优化结果中，相邻时间段一定具有不同的方式，比如 [0，ΔT] 段方式 A 较好，而 [ΔT，3ΔT] 段方式 E 较好。在本步当中，要判断究竟有没有必要全部进行这些方式切换。为此首先要定义相邻的两个时间段分别表示为 K 和 $K+1$，并设第一个时间段的序号为 1，最后一个时间段的序号为 M。接下来计算评价函数 $g(X_K，X_K)$ 和 $g(X_K，X_{K+1})$，它们分别代表在 K 和 $K+1$ 时间段始终采用 X_K 方式和在交界处从 X_K 方式切换到 X_{K+1} 方式的损益情况，即

$$
\begin{aligned}
g(X_K, X_{K+1}) &= \int_{t \in K} A_{X_K}[f(t)]\mathrm{d}t + \int_{t \in K+1} A_{X_{K+1}}[f(t)]\mathrm{d}t \\
&\approx \sum_{j \in K} A_{X_K}[f(j\Delta T)]\Delta T + \sum_{i \in K+1} A_{X_{K+1}}[f(i\Delta T)]\Delta T
\end{aligned}
$$

$$(6-86)$$

式中：$A_{X_K}[\ ]$ 和 $A_{X_{K+1}}[\ ]$ 分别为方式 X_K 和 X_{K+1} 的指标计算函数，一般可以采用有功损耗电量等；$f(t)$ 为负荷预测结果。

$$
\begin{aligned}
g(X_K, X_K) &= \int_{t \in K} A_{X_K}[f(t)]\mathrm{d}t + \int_{t \in K+1} A_{X_K}[f(t)]\mathrm{d}t \\
&\approx \sum_{j \in K} A_{X_K}[f(j\Delta T)]\Delta T + \sum_{i \in K+1} A_{X_K}[f(i\Delta T)]\Delta T \quad (6-87)
\end{aligned}
$$

定义 W_s 为方式切换最小收益阈值，只有当方式切换后的收益值超过 W_s 时才考虑进行运行方式切换。W_s 综合考虑了开关的操作成本、操作风险和期望的方式切换最小收益等因素，W_s 取得越大，往往运行方式切换机会越少；反之 W_s 取得越小，往往运行方式切换机会越多。

对于具有不同运行方式的相邻两个时间段 K 和 $K+1$，当有如下情况：

1）情况 1：

$$g(X_K, X_K) - g(X_K, X_{K+1}) < W_s \tag{6-88}$$

此时，意味着进行方式切换的必要性不大，则可将 K 和 $K+1$ 两个时段合并，并采用 X_K 方式。

2）情况 2：

$$g(X_K, X_K) - g(X_K, X_{K+1}) > W_s \tag{6-89}$$

此时，可将在 K 时段采用 X_K 方式，在 $K+1$ 时段采用 X_{K+1} 方式。此时如果相邻时间段的运行方式相同，则将它们合并成为一个时间段，再重复进行下一轮两时间段的评价函数的计算并进行相应的优化，优化规则同上所述。

以图 6.20 所示情形为例说明上述过程。假设对于（0，$2\Delta T$）和（$2\Delta T$，$4\Delta T$）两个时段，符合情况 2，即确定在（0，$2\Delta T$）时段为 A 方式，在（$2\Delta T$，$4\Delta T$）时段为 B 方式，如图 6.20（b）所示；假设对于（$2\Delta T$，$4\Delta T$）和（$4\Delta T$，$5\Delta T$）两个时段，符合情况 1，即确定将（$2\Delta T$，$4\Delta T$）和（$4\Delta T$，$5\Delta T$）合并为一个时段（$2\Delta T$，$5\Delta T$），运行方式为 B；假设对于（$2\Delta T$，$5\Delta T$）和（$5\Delta T$，$7\Delta T$）两个时段，符合情况 2，即确定将（$2\Delta T$，$5\Delta T$）时段为 B 方式，（$5\Delta T$，$7\Delta T$）时段为 C 方式……如此反复直至运行方式全部确定，如图 6.20（c）所示。

可见，采用上述步骤，可以依据负荷预测结果，得出在未来一段时间内的优化运行方式和切换时机，通过定义方式切换最小收益阈值，避免了不必要的方式切换。调节方式切换最小收益阈值可以改变运行方式切换的次数。

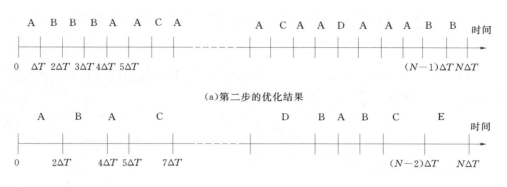

（a）第二步的优化结果

（b）第三步的优化结果

（c）第四步的优化结果

图 6.20　各个时间断面的网络优化结果

6.4.4　基于简化模型的配电网络重构

6.4.1 节～6.4.3 节描述的配电网络重构方法需要在优化过程中进行潮流计算，对于一些配电自动化系统，由于大量缺乏对负荷的量测数据，使得采用第 6.1 节中论述的潮流计算方法进行严格的分析和计算面临较大的困难。

为了解决这个问题，本书 6.2 节中介绍了一种针对配电网的特点建立的配电网的简化模型，采用 6.2.2 节介绍的方法，利用配电网的简化模型也可以进行近似潮流计算，在此基础上，就可以直接沿用 6.4.1 节～6.4.3 节描述的配电网络重构方法获得最佳的配电网络重构方案。

本节还要介绍一种不需要近似潮流计算，直接应用配电网的简化模型基于现实中可以获得的有限量测数据反映出的配电网的主要运行指标来进行网络重构的方法。

研究表明，负荷最均衡分布的运行方式对应的线损率也很低（大多数情况下线损率也接近最低），线损率最低的运行方式对应的负荷分布也很均衡（大多数情况下负荷分布也接近最均衡）。这表明负荷均衡指标与线损率指标高度相关，进一步研究表明，在非极端配电网参数（如极细导线、极长线路、负荷布局极不均匀等）情况下，负荷均衡指标与线损率指标的相关系数一般都在 0.85 以上。

利用上述研究结果，可以将负荷均衡指标作为反映线损率的间接指标，在优化中用做目标函数，这样就可以直接沿用 6.4.1 节～6.4.3 节描述的配电网络重构方法获得最佳的配电网络重构方案。而负荷均衡指标往往不用进行潮流计算，采用本书 6.2 节介绍的点区变换和区点变换就可以获得，因此即使缺少各个负荷的量测数据也可以进行有效的配电网络重构。

负荷均衡化可以连接系为单位分别进行，目标函数可以采用下列形式之一：

$$\min BLC = \frac{l_{n,\max}}{l_{n,\min}} \qquad (6-90)$$

式中：BLC 为负荷均衡指标；$l_{n,\max}$ 和 $l_{n,\min}$ 分别为所优化的连接系内电源点的最大归一化负荷和最小归一化负荷。

$$\min BLC = \sum_{i=1}^{N_S} l_{n,i} \qquad (6-91)$$

式中：N_S 为所优化的连接系内电源点的个数。

$$\min BLC = \frac{1}{N_S} \sum_{i=1}^{N_S} l_{n,i} \qquad (6-92)$$

在进行考虑负荷变化的配电网络重构时，$g(X_K,\ X_{K+1})$ 和 $g(X_K,\ X_K)$ 的计算公式可分别为

$$g(X_K,X_{K+1}) = \sum_{j \in K} BLC_{X_K}[f(j\Delta T)]\Delta T + \sum_{i \in K+1} BLC_{X_{K+1}}[f(i\Delta T)]\Delta T \quad (6-93)$$

$$g(X_K,X_K) = \sum_{j \in K} BLC_{X_K}[f(j\Delta T)]\Delta T + \sum_{i \in K+1} BLC_{X_K}[f(i\Delta T)]\Delta T \quad (6-94)$$

式中：$BLC_{X_K}[\ ]$ 和 $BLC_{X_{K+1}}[\ ]$ 分别为方式 X_K 和 X_{K+1} 下的负荷均衡指标；$f(t)$ 为负荷预测结果。

6.5   配电网不良数据辩识与网络结线分析

配电自动化系统的监控单元大都安放在户外，导致实际配电自动化系统中存在一定数量的不良量测数据。由于缺乏足够多的量测点，采用传统的状态估计方法提高数据一致性会面临很大困难，因此需要采取其他措施进行不良数据辩识和网络结线分析，本节即讨论上述问题。

本节提出 3 种配电网开关状态不良数据辩识与结线分析方法：一是例行不良数据辩识与结线分析方法；二是突变量启动的不良数据辩识与结线分析方法；三是通信中断启动的不良数据辩识与结线分析方法。

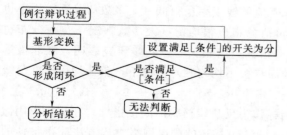

图 6.21   例行不良数据辩识与网络结线分析
过程框图

6.5.1   例行不良数据辩识与结线分析

通常配电网是开环运行的，例行不良数据辩识与结线分析方法就是反复循环地进行闭环探测和不良数据修正，其过程如图 6.21 所示。

图 6.21 中的［条件］为流过某个处于合状态的开关的负荷为零，且流过与该开关相邻开关的负荷均不为零。

6.5.2 突变量启动的不良数据辩识与结线分析

突变量启动的不良数据辩识与结线分析是当发生开关变位或流过开关的负荷发生异常突变时启动的，一般可分为表 6.5 所示的 4 类。

表 6.5　　　　　　　　　　4 类突变量启动的不良数据辩识与结线分析

FTU 上报信息	辩识启动条件	辩 识 判 据	结线分析结果
由分闸至合闸	开关变位	该开关下游负荷不为零，且流过该开关的负荷以及流过该开关电源侧的开关的负荷均未变化	该开关处于分闸状态
		流过该开关的负荷增加值与流过开关电源侧的开关的负荷增加值相等	该开关处于合闸状态
由合闸至分闸	开关变位	流过该开关的负荷以及流过该开关电源侧的开关的负荷均未变化	该开关处于合闸状态
		流过该开关的负荷由 L 减少至零，流过该开关电源侧的开关的负荷减少值等于 L	该开关处于分闸状态
始终分闸	流过处于分闸位置的开关的负荷突然增加	流过该开关的负荷增加值与流过该开关电源侧的开关的负荷增加值相等	该开关处于合闸状态
始终合闸	流过处于合闸位置开关的负荷突然由 L 减少为零	流过该开关电源侧的开关的负荷减少值等于 L	该开关处于分闸状态

注　不满足表中判别依据时为不可辩识的情形。

6.5.3 通信中断启动的不良数据辩识与结线分析

如果某台 FTU 的通信中断，导致该 FTU 测控的柱上开关上报的数据不能刷新，则要通过通信中断启动的不良数据辩识与结线分析过程。其基本原理是：当开关 v_i 处的 FTU 通信中断时，如果流过 v_i 的末梢侧开关的负荷变化 ΔL 等于流过 v_i 的电源侧开关的负荷变化，则可断定开关 v_i 处于合闸状态。值得注意的是，通信中断启动的不良数据辩识过程往往需要足够长的时间才能得到结线分析结果，因为要待流过 v_i 的末梢侧开关的负荷发生变化时才能进行辩识。

6.5.4 实例

下面通过几个实例进一步说明本节提出的 3 种配电网开关状态不良数据辩识与结线分析方法，如图 6.22 所示。

【例 1】　如图 6.22（a）所示，节点 6 的开关状态误报为合的情形。此时经过基形变换后得出网络闭环的结果，而节点 6 的 FTU 上报数据中，尽管开关状态为合闸，但是流过开关的负荷为零，且其流过相邻开关（即节点 9 和 5）的负荷均不为零，符合 6.5.1 节中介绍的例行不良数据辩识与结线分析［条件］，因此判断该开关的位置为分闸状态。

【例 2】　节点 4 的开关状态误报为分状态的情形。此时由节点 4 开关变位启动第二类突变量启动的不良数据辩识过程，由于流过该节点 4 的负荷以及流过节点 4 电源侧的节点

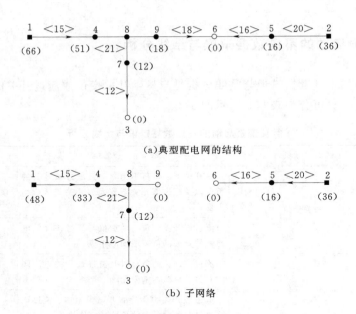

(a)典型配电网的结构

(b) 子网络

图 6.22　一个典型配电网的结构及其子网络

（　）—节点负荷；<>—区域或弧的负荷，节点上数字为该节点的序号

（即节点 1）的负荷均未变化，因此可以判断节点 4 的状态为合闸。

【例3】　当节点 9 由合变位为分状态后，图 6.22（a）所示的配电网就成为图 6.22（b）所示的子网络。如果此时节点 9 处的 FTU 未将节点 9 变位的信息报上来（即节点 9 分闸信息漏报），但是流过节点 9 的负荷已经由 18 减少至 0，因此启动第四类突变量启动的不良数据辩识过程，由于流过该节点 9 的电源侧的节点（即节点 4 和节点 1）的负荷均相应地减少 18，因此可以判断节点 9 的状态为分闸。

【例4】　如果节点 4 处的 FTU 由于电源故障导致通信中断，造成节点 4 的位置不确定，从而启动通信中断启动的不良数据辩识过程。假设经过一段时间后，流过节点 4 的末梢侧节点（即节点 9）的负荷减少了 16，而流过节点 4 的电源侧节点（即节点 1）的负荷也减少了 16，则可以判断节点 4 的状态为合闸。

6.6　具有估计功能的模拟量—状态量混合曲线生成器

在配电自动化系统中，存在着大量的模拟量及状态量，如反映配电网运行状态的电压、电流、有功功率、无功功率和频率等为模拟量；反映断路器的开、合和继电保护动作信号和异常信号等为状态量。这些大都以数据的形式存储，根据这些数据可对配电网的运行状态进行监控。

传统的 SCADA 系统的曲线编辑器和曲线展示功能一般只支持模拟量曲线，而不支持状态量。传统的 SCADA 系统支持的曲线的时间分辨率一般在分钟级，而为了反映状态量变化的先后顺序（SOE），状态量的时间分辨率需要达到毫秒级。

为此，本节论述了一种可将模拟量和状态量同时以曲线形式显示的混合曲线生成器。在该混合曲线生成器中，还集成了一个基于自组织学习算法（如支持向量机、人工神经网络等）的短期负荷预测器，不仅可以根据选择的历史数据预测未来的负荷曲线，而且还可以对因自动化终端单元故障或通道障碍等原因造成的负荷数据缺失进行估计和拟合。

6.6.1 基本原理

6.6.1.1 基本概念

为了更清晰地描述所研制的高性能曲线生成器的各项功能及其实现途径，定义下列概念：

（1）曲线。一条曲线是反映一个采集量（可以是模拟量也可以是状态量）随时间变化趋势的二维图形。

（2）曲线图。一个曲线图由横—纵坐标边框、一条或多条曲线以及曲线图标和曲线图名称构成，各条曲线均采用相同的横坐标刻度，图 6.23 为一个典型的曲线图。在图 6.23 中的纵坐标也表示开关的分、合状态。

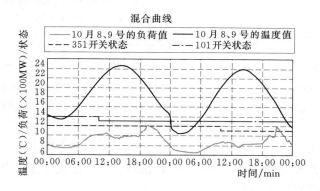

图 6.23　一个典型的曲线图

（3）曲线视图。一个曲线视图由一个或若干曲线图上下排列以及一个曲线视图名称构成，各条曲线图的横—纵坐标刻度可以不同。图 6.24 为一个典型的曲线视图。

6.6.1.2 基本功能

1. 曲线视图定义和生成

曲线视图的定义功能包括添加曲线视图、删除曲线视图和编辑曲线视图。

第 i 个曲线视图的定义描述为

$$\boldsymbol{V}(i)=\left[\text{Name},\boldsymbol{P}(i)\right] \tag{6-95}$$

式中：Name 为该曲线视图的名称；$\boldsymbol{P}(i)$ 为该曲线视图包含的曲线图的集合。

每个曲线视图必须包含至少一个曲线图。

2. 曲线图定义和生成

曲线图的定义功能包括添加曲线图、删除曲线图和编辑曲线图。

第 i 个曲线视图的第 j 个曲线图的定义描述为

$$\boldsymbol{P}(i,j)=\left[Y_{\max},Y_{\min},X_{\max},X_{\min},G_X,\text{Name},\boldsymbol{C}(i,j)\right] \tag{6-96}$$

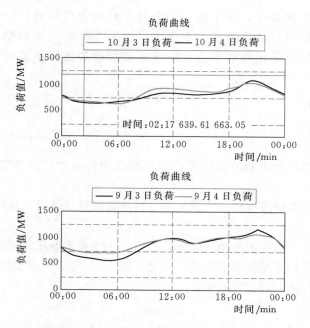

图 6.24　一个典型的曲线视图

式中：X_{max}，X_{min} 和 Y_{max}，Y_{min} 分别为横、纵坐标变量的范围，若 $Y_{max}=Y_{min}$ 则表示由应用程序根据该曲线图的各条曲线数据的最大和最小值自适应调整纵坐标变量的范围；G_X 为横轴的坐标刻度数，纵轴的坐标刻度数根据该曲线图的高度自适应调整；$C(i,j)$ 为该曲线图包含的曲线集合。每个曲线图必须包含至少一条曲线。

3. 曲线定义和生成

曲线的定义在选择或添加了一个曲线图后进行，其功能包括在一个曲线图中添加一条曲线、删除一条曲线和编辑一条曲线。

任何一个采集量（无论是模拟量或是状态量）都可以生成曲线，第 i 个曲线视图的第 j 个曲线图的第 k 条曲线的定义描述为

$$C(i,j,k)=[f(N_Y)，CL，\text{Name}] \tag{6-97}$$

式中：N_Y 为该曲线纵坐标变量名称；$f(N_Y)$ 为 N_Y 的变换函数（即多项式或逻辑表达式）；CL 为曲线的颜色。

4. 曲线估计器配置

曲线估计可以用来根据曲线的历史数据预测未来的曲线，也可以根据曲线的已有数据部分对因通信障碍、采集装置死机或故障导致的曲线的缺失部分进行补充和插值。

对第 i 个曲线视图的第 j 个曲线图的第 k 条曲线进行估计的配置描述为

$$EC(i,j,k)=[EN，X_U，X_L] \tag{6-98}$$

式中：EN 为参与该曲线估计（即作为估计器的输入）的变量集合；X_U 和 X_L 为曲线估计的时间段。

$$EN=[N_{Y1}(0)，N_{Y1}(-3)\cdots N_{Ym}(-h)\cdots] \tag{6-99}$$

式中：$N_{Ym}(-h)$ 表示参与该曲线估计的第 m 个变量，其时标为考察时刻前 h 个采样点。

在 $[X_U$ 和 $X_L]$ 时间段内的已知数据被用做训练样本和检验样本，未知数据是估计的对象。

5. 功能调用

所定义的各个曲线视图、曲线图和曲线的设置参数按照上面所描述的格式存储与数据库或文件中，使用时以曲线视图为单位通过选择菜单进行展示调用，而不需要重新定义。

曲线估计功能在使用中根据需要进行配置，估计出的结果在相应的曲线视图的曲线图中展示，估计出的结果可存入数据库保存或放弃。

在曲线展示界面，可以通过鼠标或键盘在线向前或向后翻阅曲线，也可在线调整坐标范围以展示细节或反映轮廓，还可操纵一条时标线左右移动，测试当前曲线视图中的各条曲线的数值，如图 6.23 中的第一个曲线图中，有个"+"形的时标线，可在图中显示同一 x 轴时的各 y 值。如图 6.24 中所示，在 02：17 时，10 月 3 日的负荷值为 639.61MW，10 月 4 日的负荷值为 663.05MW。

6.6.1.3　关键技术

所采集的模拟量及其时标以固定的时间间隔（一般为 1～30min）存放于模拟量历史数据库中。在曲线展示调用时，曲线生成器根据该曲线的纵坐标变量名称直接从相应的历史数据库中提取数据加以展示。

生成状态量曲线所需要的数据是来自系统的事件顺序记录（SOE）库和状态量历史数据库，这样做的目的在于提高状态量曲线的时间分辨率（一般可以作到站间 20ms、站内 5ms 的时间分辨率）。

若在一条状态量曲线展示的时间段内没有相应状态量的 SOE 记录或 SOE 记录中存在矛盾（如连续若干合记录或连续若干分记录），则以该状态量历史数据库中的状态为准，否则根据该状态量的 SOE 记录确定该状态量曲线的跳变波形。

当从 SOE 数据库或状态量历史库中调取数据生成曲线时，在设备状态变化时，应对其前补充前一时刻的状态数据，以便使状态量曲线成为方波形（否则会变成斜坡），可清楚分辨出设备的动作状态。

曲线估计可采用支持向量机（SVM）方法进行数据估计，以径向基（RBF）函数作为其核函数。

6.6.2　应用实例

1. 事故反演

将本节描述的曲线生成器应用于配电自动化系统，可以清晰地反映故障过程。

例如，某日某 110kV 某变电站同杆架设的 10kV 线路 8、线路 9 近端发生 A、C 两相短路永久性故障，导致线路 8、线路 9 的开关跳开。随后该线路开关快速重合再次合到故障点从而引起保护动作，导致线路 8、线路 9 开关再次跳闸并闭锁于分闸状态。不久，1 号主变保护柜差动保护"故障分量差动保护 B 相动作"，跳开主变中压侧 351 开关、低压侧 101 开关，高压侧 111 开关因压力低闭锁控制回路未跳开。

采用本节描述的曲线生成器，将事故时间段内相关的各个开关的状态组织成曲线图，在曲线图组态中调取显示如图 6.25 所示。

2. 负荷预测

将本节描述的曲线生成器也可应用于 SCADA 系统实现负荷预测功能。

例如，图 6.26 所示粗线为历史负荷，细线为负荷预测曲线。负荷预测采用支持向量机（SVM）。

为降低问题求解规模，对一天 96 点的每一点分别建立其负荷预测模型，分别预测对应的整点负荷，支持向量机的输入共有 18 维。

（1）历史负荷数据 9 维，分别为预测日前一天、前两天、前 7 天的预测 t 时刻周围 3 个点的负荷值。

（2）气象因素 2 维，预测日的最高、最低温度。

（3）日期类型 7 维，表示周一至周日，如 ［0 0 0 0 0 0 1］表示周日。

对上述输入样本数据进行归一化处理，采用 SVM 方法对某日的负荷进行预测，在曲线图中的显示如图 6.26 所示。

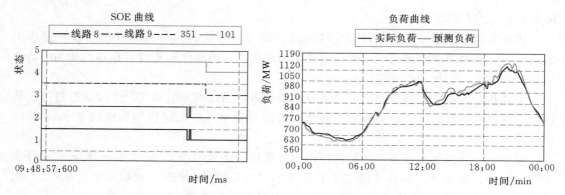

图 6.25　一次事故的反演曲线视图

图 6.26　负荷预测曲线视图

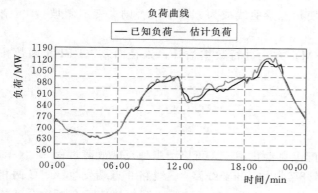

图 6.27　缺失负荷数据估计曲线视图

采用相对误差作为预测质量的指标，最大相对误差（绝对值）为 4.33％，平均相对误差为 2.10％。

3. 负荷曲线估计

当负荷曲线缺失部分负荷值时，可根据缺失部分前、后的已知数据进行推算估计。针对需求，可定义了负荷估计器。图 6.27 示出了上述估计器的应用效果，其中的曲线分别为实际负荷曲线和为根据该估计器对 07：45 和 21：30 之间的负荷估计值绘制的曲线。从图 6.27 中可见曲线估计器具有良好的性能。

第7章
配电自动化系统测试技术

　　配电自动化系统的各项重要功能的实现必须采用系统的测试技术来加以保证，如具有故障定位、隔离和健全区域恢复供电功能的馈线自动化（FA）功能是配电自动化系统的最重要的内容之一，故障处理需要主站、子站、终端、通信系统和开关设备共同参与、协调配合，因此必须采用系统的测试方法才能进行检测，而其中最为关键的技术是故障现象的模拟发生。

　　在20世纪末到21世纪初的配电自动化试点热潮中，由于缺乏测试手段，故障处理、压力测试等在验收时未作严格测试，或仅仅针对理想情况进行了论证，而没有考虑信息误报、漏报以及开关拒动和通信障碍等异常现象，需要依靠长期运行等待故障发生才能检验故障处理过程，导致问题不能在早期充分暴露和解决，严重影响了实际运行水平甚至运行人员对配电自动化系统的信心，使得许多配电自动化系统逐渐废弃不用或闲置成为摆设，造成了巨大的浪费。

　　因此，配电自动化系统进行系统测试对于确保配电自动化系统可靠运行具有重要意义。为了对配电自动化系统进行系统测试，陕西电力科学研究院提出3种测试方法，即主站注入测试法、二次同步注入测试法和可控10kV馈线短路试验测试法等，研制了专用测试设备并获得了发明专利。

7.1　主站注入测试法

7.1.1　基本原理

　　主站注入测试法的基本原理是采用主站注入测试法专用测试平台，根据所设置故障位置、类型、性质以及当前场景计算配电网故障前潮流及故障短路电流，并将根据计算结果生成的相应配电自动化终端的故障信息发往被测试配电自动化主站系统，在被测试配电自动化主站系统进行故障处理过程中，主站注入测试装置，仿真相应配电自动化终端与被测试配电自动化主站系统交互信息，从而对被测试主站的正常故障处理过程进行测试。可通过加大主站注入测试装置所仿真的配电自动化终端的数量，同时模拟多处故障现象的方法对被测试主站进行压力测试。也可采取拒绝按照被测试配电自动化主站系统的遥控命令修改场景的方法模拟开关拒动现象；采取设置故障位置上游某些合闸位置开关状态变为分闸的方法模拟越级跳闸现象；采取将一些开关的故障信息不上传的方法模拟故障信息漏报现象；采取人为令一些未经历故障电流的开关上传故障信息的方法模拟故障信息误报现象，从而对异常情况下

图 7.1　主站注入测试法示意图

被测试主站的故障处理过程进行测试。

主站注入测试法示意图如图 7.1 所示。

7.1.2　主站注入测试平台

主站注入测试法专用测试平台由配电网仿真器、实时数据库、建模与配置器、故障模拟器、规约解释器、通信管理器以及人机交互界面等几部分组成，如图 7.2 所示。

图 7.2 中，配电网仿真器的作用主要是模拟故障前的运行场景以及模拟供电恢复的效果；实时数据库用以存放来自被测试系统、配电网仿真器、建模与配置器以及故障模拟器的测试用实时数据；建模与配置器的作用是形成测试模型；故障模拟器负责动态模拟故障现象；规约解释器完成与被测试系统之间的信息交互；通信管理器的作用是保持链路通畅；人机交互界面的作用是提高测试平台的可用性。

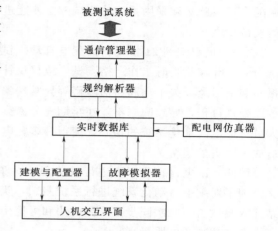

图 7.2　主站注入法测试平台的组成

1. 配电网仿真器

配电网仿真器的功能模块主要包括网络拓扑分析和潮流计算。网络拓扑分析模块根据实时数据库中的开关状态和网络连接关系形成配电网运行拓扑。潮流计算模块根据实时数据库中各个负荷节点的负荷和网络拓扑进行潮流计算，得出各个开关节点的电流、电压、功率，作为配电网的模拟实时数据。

2. 实时数据库管理器

实时数据库管理器的主要功能包括：根据规约解释器、建模与配置器、故障模拟器发来的命令初始化或更新库中开关状态和负荷节点的负荷数据；根据潮流计算结果更新库中各个开关节点的电流、电压、功率；根据故障模拟器的指令更新故障信息。

负荷数据更新周期为建模与配置器所设置的负荷曲线的时间间隔，负荷数据更新时间到了以后则根据建模与配置器所设置的负荷曲线数据更新实时数据库中的负荷数据。

为了避免被测试主站因遥测数据长时间未变化而将其作为"老数据"忽视，在每个更新周期内，还需要更加频繁地刷新负荷数据，具体方法是在负荷曲线数据的基础上叠加一个取值范围可以设置的均匀分布随机数。

3. 建模与配置器

建模与配置器的功能模块主要包括以下部分：

（1）图模一体化的配电网建模。电源点、架空线、电缆、柱上开关、环网柜、配电变压器的网络连接关系和参录入、编辑、复制和删除以及模型生成。

（2）开关和负荷点配置。配置开关的类型（负荷开关、断路器、重合器）和初始状态以及配置负荷节点的负荷及变化规律（如负荷曲线、随机波动幅度）。

负荷节点的负荷可以以典型值或负荷曲线的方式录入，负荷曲线的数据间隔可以以分钟为单位进行设置。

（3）自动化终端配置。配置自动化终端和开关或开关组的对应关系以及配置自动化终端三遥数据的点表。

4. 故障模拟器

故障模拟器的功能模块主要包括以下方面：

（1）故障场景配置。包括故障位置（可设置包括多处）、故障类型（永久、瞬时）、开关是否拒动，重合闸是否允许，是否漏报故障信息，是否发生越级跳闸等参数的配置。

（2）故障现象模拟。根据故障场景配置和配电网仿真器中网络拓扑的变化产生相应的故障信息发往实时数据库。

故障现象模拟的流程如图7.3所示。

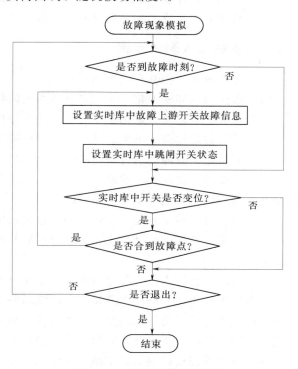

图 7.3　故障现象模拟的流程

5. 规约解析器

规约解析器的功能模块主要包括：

（1）通信规约配置。从规约库中选择配置不同的通信规约。

（2）上行报文组织、下行报文解释。根据配电网仿真器中实时数据库形成上行报文，对来自被测试系统的下行报文进行解释，将遥测和遥信结果放入配电网仿真器的实时数据库，对于遥控报文根据故障模拟器设置的开关拒动与否状态决定是否更新配电网仿真器的实时数据库中相应遥信状态，若否则组织遥控成功上行报文，若是则组织遥控失败上行报文。

规约解析器始终通过通信管理器保持将实时数据库中的遥测和遥信数据与被测试系统交互。

6. 通信管理器

通信管理器功能模块主要包括：

（1）多IP报文组织。根据自动化终端配置结果组织与被测试系统的交互报文。将当前自动化终端配置的IP地址录入主站测试软件的配置文件中，测试软件可通过多IP形式，模拟多个配电自动化终端与主站进行信息交互。

（2）链路监测与维护。监测链路状态，必要时组织重连。

7. 人机交互界面

人机交互界面的功能模块主要包括以下方面：

（1）输入、输出管理。衔接测试员与各配置相关模块。

（2）操作控制管理。衔接测试员与各相关功能模块。

（3）测试报表生成。辅助生成测试报表。

7.1.3 主站注入测试步骤

主站注入测试法的基本步骤如下：

（1）数据录入和模型化。录入被测试系统的接线图和静态参数，建立被测试系统的模型，进行参数配置、负荷数据配置、自动化终端配置以及数据点表配置等。

（2）设置故障位置、类型、性质。故障位置为发生故障的地点，可以是配电网同时发生多个位置故障。故障性质为瞬时故障或永久故障。

（3）故障前场景注入。主站注入测试法专用测试平台计算故障前潮流分布，将其作为初始场景与被测试配电自动化主站系统交互。

（4）检查与主站交互是否正常。通过被测试配电自动化主站监控终端观察配电网主站运行是否正常。若配电自动化主站运行存在异常现象，检查配电网网络拓扑、负荷特性等场景数据。

（5）故障信息注入。待配电自动化主站正常运行后，根据设置好的故障位置和性质，人为设置发生故障。主站注入测试法专用测试平台将计算好的故障数据与被测试配电自动化主站系统进行实时交互。若某个开关设置了故障信息漏报，则在向被测试配电自动化主站注入故障信息时，将该开关的故障信息删除。

（6）故障处理过程测试。主站注入测试法专用测试平台得到配电自动化主站用于处理故障对相应开关下达的遥控命令，据此改变主站注入测试法专用测试平台中仿真分析器中相应开关的状态，并重新进行配电网网络拓扑分析，依据试验前设置好的负荷特性等数据计算潮流，构建故障处理过程中的场景数据，与配电自动化主站进行实时交互，并故障处理过程进行监测和记录。若某个开关设置了开关拒动，则在收到面向该开关的遥控命令时，不改变主站注入测试法专用测试平台中仿真分析器中相应开关的状态，也不进行后续的网络拓扑分析和潮流计算等。

（7）测试分析。根据配电自动化主站事件记录和主站注入测试法专用测试平台的事件记录，进行对比分析，判定配电自动化主站在故障处理过程的正确性。

7.2　二次同步注入测试法

在被测馈线的主变电站 10kV 出线开关侧安装临时馈线保护作为配电馈线的总保护，用于切除测试过程中馈线发生的故障。在故障点电源侧各开关处分别配置配电网故障模拟发生器，发生器电流电压输出至馈线终端单元（FTU）。各故障模拟发生器采用 GPS 时钟同步和光纤、无线通信技术。在测试前，由测试指挥控制平台将配电网仿真器生成的各测试方案及数据下发至各个故障模拟发生器。测试时，由配电网仿真器通过光纤或无线通信通道向各故障模拟发生器发送一试验开始时刻，故障模拟发生器按照相应时间序列在同一时刻输出或关断模拟故障电流，时间序列由人为设定或根据现场实测确定。

二次同步注入测试法的示意图如图 7.4 所示。

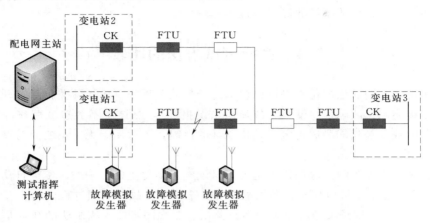

图 7.4 二次同步注入测试法

二次同步注入测试法主要用于对各种类型配电自动化系统的日常测试、实用化验收、工厂验收、现场验收、实验室试验中对包含主站、子站、配电自动化终端、保护配合、备用电源、通信和馈线开关的整个环节的故障处理过程进行系统测试。

7.3 可控 10kV 馈线短路试验测试法

可控 10kV 馈线短路试验测试法系通过将拟研究的特制阻抗元件直接接入 10kV 馈线来更加真实地模拟馈线故障现象，从而实现对配电自动化故障处理过程进行真实地测试。

可控 10kV 馈线短路试验法的关键技术和难点在于既能模拟实际故障现象，又可减少对系统冲击阻抗元件的设计及短路试验的安全保障措施。

可控 10kV 馈线短路试验法成套测试设施包括特制的故障模拟阻抗元件、试验用 10kV 智能开关、试验用智能遥控装置、试验指挥计算机、专用接入金具、安全防护设施等。

可控 10kV 馈线短路试验测试法的示意图如图 7.5 所示。

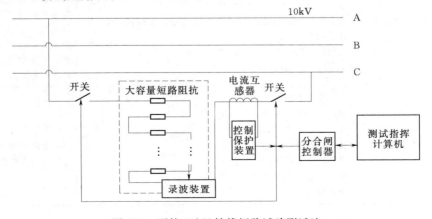

图 7.5 可控 10kV 馈线短路试验测试法

可控 10kV 馈线短路试验测试法可以用于含架空线路的简易型、实用型、标准型、集成型、智能型配电自动化系统故障处理过程的现场测试。

7.4 系统测试方法的比较

（1）主站注入测试法的优点是可以模拟复杂的故障现象（包括开关拒动、开关越级跳闸、开关多级跳闸、故障信息漏报、故障信息误报等），测试中不会造成用户停电。主站注入测试法的缺点是只能测试配电自动化主站的性能，不适用于无主站的简易型配电自动化系统的测试。

（2）二次同步注入测试法的优点是可以对配电自动化主站、子站、配电自动化终端终端、通信、开关设备、继电保护、备用电源等各个环节在故障处理过程中的相互配合进行测试；既适用于架空馈线又适用于电缆线路测试。二次同步注入测试法的缺点是测试中会造成用户瞬时停电。

（3）可控 10kV 馈线短路试验测试法的优点是故障现象更真实，适用于包括简易型在内的各种配电自动化类型的故障处理过程系统测试。可控 10kV 馈线短路试验测试法的缺点是对系统有一定冲击，测试中需要短时停电。

表 7.1 给出了 3 种系统测试方法的比较和适用范围。

表 7.1   **3 种系统测试方法的比较和适用范围**

测试方法	优 点	缺 点	适用范围
主站注入测试法	可设置复杂的故障现象，对系统没有冲击；可模拟复杂的场景；可以模拟海量终端接入和多处故障并发以进行压力测试，不需要停电测试	只能用来测试配电自动化主站系统，而未涵盖子站、终端、保护配合、备用电源、通信和馈线开关；不能测试基于自动化开关配合的简易型配电自动化系统	适用于各种类型配电自动化系统的日常测试、实用化验收、工厂验收、现场验收；实验室试验时，对主站的故障处理过程进行系统测试
二次同步注入测试法	可设置各种故障现象，对系统没有冲击；可以对主站、子站、终端、保护配合、备用电源、通信和馈线开关的故障处理过程进行系统测试；既适用于架空馈线又适用于电缆线路测试	测试中需要短暂停电	适用于各种类型配电自动化系统的日常测试、实用化验收、工厂验收、现场验收；实验室试验时，对主站、子站、终端、保护配合、备用电源、通信和馈线开关的故障处理过程进行系统测试
可控 10kV 短路试验测试法	故障现象更真实；可以对主站、子站、终端、保护配合、备用电源、通信和馈线开关的故障处理过程进行系统测试；可以测试基于自动化开关配合的简易型配电自动化系统	对系统有一定冲击、一般需要停电测试	适用于含架空线路的各种类型配电自动化系统故障处理过程的现场测试

第8章

智能配电网

智能配电网（Smart Distribution Grid）是智能电网的重要组成部分，智能电网从概念的提出到普遍接受，至现阶段全球的高度重视，短期内促进了电力科技的飞速进步及电网的高速发展。仅仅几年时间，国内外智能电网的研究规模达到了新的阶段，各种智能电网的标准正在加紧推出。在实际工程领域，我国进行了大量的试点工程，推进速度和取得的成果都是前所未有的。智能配电网既是智能电网的重要环节，也是智能电网研究的一个热点，是智能电网研究和发展最为活跃的领域。智能配电网允许可再生能源和分布式发电单元的大量接入和微电网运行，并鼓励各类不同电力用户积极参与电网互动。

智能配电网以配电自动化技术为基础，通过融合先进的测量和传感技术、控制技术、计算机和网络技术、信息与通信等技术，并利用智能化的开关设备、配电终端设备，在含各种高级应用功能的可视化软件支持下，实现配电网正常运行状态下的监测、保护、控制、优化和非正常状态下的自愈控制，最终为电力用户提供安全、可靠、优质、经济、环保的电力供应和其他附加服务。

智能配电网所用到的新技术包括配电网运行自动化技术、管理自动化技术、用户自动化技术、分布式电源并网控制技术、定制电力技术等。智能配电新技术对配电网的集中控制系统、模块和设备进行智能化，实现正常情况下配电网与电力系统各个环节的协调和优化运行以及故障情况下的快速定位、隔离、恢复、负荷转移等功能，为电力企业提供便捷、高效的管理平台和途径，实现电力企业管理者、电力用户、系统运行操作的协调和统一。

本章围绕智能配电网概念的内涵和外延，系统地阐述了智能配电网的概念，从配电自动化与智能配电网的关系的角度，比较了国内外配电自动化的发展差异，介绍了在智能配电网背景下，配电自动化的试点项目情况和部分功能应用，最终论述了智能配电网在发展过程中需要研究或正在研究的关键技术问题。本章指出在智能配电网的发展过程中，配电自动化具有十分重要的基础地位，并描述了智能配电网发展的技术路线图。

8.1 智能配电网的基本特征

8.1.1 智能配电网概念的内涵与外延

智能配电网的提出，必须要解释什么是智能电网，以及智能配电网在智能电网分类系统中的位置和界限。除此之外，还需要解释智能配电网具有什么本质特征及内涵。

智能电网应具备的本质特征是以现代信息技术、电子设备和可控电力元器件等为基础，采用大量传感器和宽带网络通信技术，应用现代控制理论和嵌入式控制技术，并且将这些技术与电力基础设施高度结合。智能电网概念模型可以将智能电网的信息流和电力流用一张图描绘出来，详见图8.1，从图8.1中可以看出，智能电网中通信和信息已经完全融入电力系统中的每一个环节，即电网的神经系统已遍布全身，利用现代计算机技术集成控制后，自动形成可以控制整个电网的决策和判断，这是智能电网不同于传统电网的显著标志。

电力系统中配电网处于中间部分，传统配电是从输电网接受发电厂的电能，通过配电设施就地分配或按电压等级逐级分配给各类用户的过程。配电网由架空线路、电缆、杆塔、配电变压器、开关、无功补偿电容以及一些附属设施等组成，在电力网中起着分配电能的重要作用。

智能配电网是在现有配电网前提下，针对可能会大量接入的分布式电源、微电网、大规模储能等装置的情况，对传统配电网运行控制方式进行改变。由于配电网本身具有规模庞大、运行环境恶劣、点多面广、变化快等许多不利因素，随着新型电源大规模的接入，更加速了其由量变到质变的过程，出现一种极其复杂的控制网络模型，智能配电网则为该种模型提供了有效控制及管理的解决方案。智能配电网涉及配电网的变革与改造，使得配电网更加可靠、安全、经济、高效、灵活和环保。

定义智能配电网要从两个层面：一是智能配电网的内涵，从智能电网的关键技术来看，它具有智能电网技术应用于配电网的技术特征，对智能电网技术研究有重大的影响；二是智能配电网的外延，从智能配电网建立的形态与目标来看，由于广泛接入分布式电源和供电可靠性要求的提高，给智能配电网提出了需要满足支持配电网技术发展适应环境变化的要求。目前，配电网还未呈现出最复杂的运行控制形态，但随着配电网的发展、变化，即将进入智能配电网的阶段。

1. 智能配电网的内涵

智能配电网的内涵包括以下方面：

（1）具有配电自动化基础。配电自动化是智能配电网的必要条件，这是因为配电自动化利用了现代计算机、自动控制、网络通信、信息处理等技术，将配电网的实时运行、电网结构、设备、用户以及地理图形等信息进行集成，构成完整的配电自动化系统。

（2）高效的、充分整合的通信系统。它是一个动态的、交互式的，由大量基础元件组成，能获取实时信息和能量交换信息，保证各种智能的电力装置实时通信要求。

（3）无处不在的传感器和测量装置。大量的传感器和智能测量，足以保证获得系统运行参数、设备运行状态、广域测量网络、灵活的保护系统等信息，真实可靠地提供配电网的静态和动态数据，为各类智能化的应用提供基础信息。

（4）智能配电网主站。系统主站相当于"大脑"，主要应用于配电网设备的实时数据采集与集中控制，包括配电站、馈线开关以及配电变压器等配电设施的监测和控制，实现对配电网正常运行及事故状态下的监测、控制和运行管理。

（5）统一的输配电网系统的数据模型。通过把电网的智能二次设备和高级的分析处理程序有效地纳入到统一的分析框架体系中，实现配电网快速计算分析获得可靠的基础数据。

（6）智能配电网管理。通过图形和地理空间信息技术手段最大程度的提高一次电网的

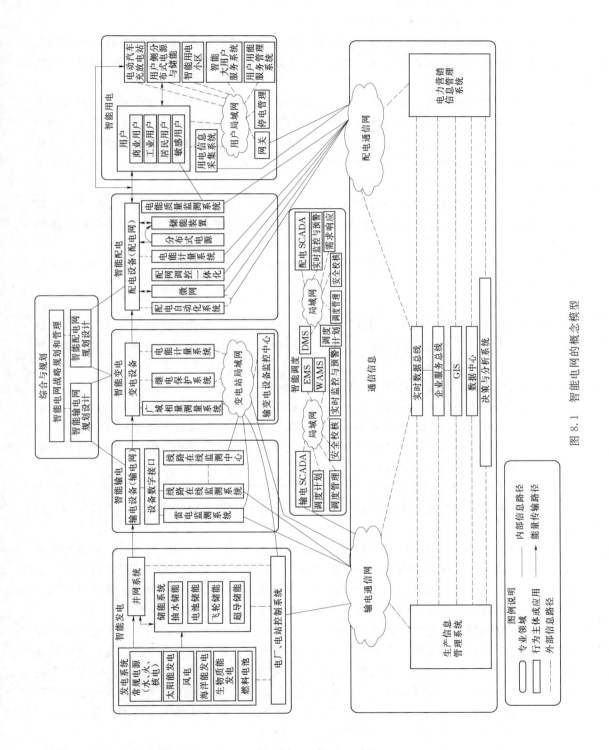

图 8.1 智能电网的概念模型

可见度，使得电力系统的运行操作可视化，同时辅以更智能、更综合的分析应用程序，实现对电网的高效有序的管理，降低管理难度。

（7）统一的智能电网数据模型。将电网的物理模型映射为标准的数据模型，使得相关数据源以一种有效的，结构化的和清楚的方式关联起来，这种关联不依赖于现有设备的物理特性。

（8）统一的标准服务。通过服务来访问通用设备和应用程序的处理结果，这种方式隐藏了每个设备和应用的内部运行细节，从而实现把系统组件相关应用当做黑盒子来处理。

（9）"即插即用"的智能装置。智能配电网需要解决电网智能设备的配置需求、信息安全需求、数据管理和交换需求、服务质量需求，实现智能装置的即插即用，最大限度地减少配电设备的维护工作量。

（10）高级应用软件。智能配电网通过对电网数据的多层次的分析，使得电网更加智能协调的运行，其中有配电网自愈电网、电源和负荷自适应平衡、分布式电源智能接入等。

（11）信息安全。智能配电网不但能实现跨业务的数据交换和信息集成，同时也可保证信息的安全。

2. 智能电网的外延

配电网的供电与用户的需求形成良性互动。通过智能终端提供用电和市场信息，促使用户通过需求响应来改变自己的用电方式，主动参与电网管理和市场竞争，获取相应的经济利益，实现供需双方互动。

智能配电网的外延也包括以下方面：

（1）配电网大量接入的风能、太阳能、生物质能等可再生能源分布式电源。接入配电网的分布式电源可以由配电网自动调节控制，微电网既可以自己控制又可以与配电网互为支持，相应的控制调节系统将各种分布能源和电动汽车充放电站积极纳入配电网管理和市场交易，充分支持环境友好的发电形式。

（2）提供良好的电能质量和供电可靠性。对电能质量进行监测、诊断和需求响应，根据不同的电能质量等级来定制电力，可以满足不同客户对于电能质量和供电可靠性标准的需求。

（3）精细化的配电网生产指挥系统建设。研究配电网风险管理控制系统，对运行中的风险进行提前预判，提高配电网的资产利用率，降低运行成本，减少或推迟投资。建立有效、联动的优化设计的系统，对于生产指挥、资产管理、工作流程管理、运维抢修管理和运行状态监测都形成了在线分析和统计，真正支持了配电生产的精细化管理。

智能配电网是一个配电自动化完全覆盖下的配电网络，它可以监控每一个用户和全部的配电网主干节点和分支线，实现电力和信息在所有节点的双向流动，用以支持研发智能电网的各种应用，解决智能电网安全自愈和优质高效运行、大量分布式能源和电动汽车的入网管理和市场交易，以及供需互动的双向服务等问题。可见智能配电网涉及配电网及其资产管理等诸多研发领域，以及一次设备的新系统元件、新型传感测量技术、先进控制方法、高级界面和决策支持、信息安全和通信等关键技术。

通过智能配电网的定义可以看出，智能配电网是一个面向大规模网络的复杂的系统。

目前，影响配电网的诸多因素还没有形成规模，例如分布式电源、微电网、大规模储能还没有大量接入配电网。目前面向的配电网还只是传统的配出电网，面临的还是配电网规模庞大、运行环境恶劣、点多面广、变化快等特点，需要解决实时监控、运行管理、生产指挥和运维抢修等传统生产管理问题。如果已有的问题没有得到解决，智能配电网也就很难建立了。由此可见，智能配电网不可能在短期内建成，一定是一个长期的过程。

8.1.2 智能配电网与配电自动化的关系

配电自动化是提高供电可靠性和供电质量、扩大供电能力、实现配电网高效经济运行的重要手段，也是实现智能电网的重要基础之一。我国以国家电网公司为代表明确提出建设"具有信息化、自动化、互动化的智能电网"，计划到 2020 年全面建成坚强的智能电网。智能电网战略目标的提出给配电自动化注入了新的内涵，也给配电自动化带来了新的生机。

配电自动化是智能配电网的基础，智能配电在自动化系统方面与配电自动化的组成一样，主要由主站系统、通信系统、配电自动化终端等组成。在正常情况下，实现对配电网运行设备的实时数据采集和监控功能；在故障情况下，实现对故障线路的快速定位、隔离、恢复、负荷转移等功能。智能配电网在自动化方面，将利用传统的配电自动化技术体系，通过应用更先进的配电自动化控制技术、管理自动化技术、用户自动化技术等实现对配电网及设备的智能化和标准化改造与建设；在信息化方面，建立遵循国际标准的信息交互体系架构和信息交互消息模型，实现信息流在配电网的融合、集成，业务流在配电网的贯通，使配电网与电力系统各个环节协调和优化运行，为电力企业提供便捷、高效的管理平台和途径，提高配电网的综合自动化管理水平。

智能配电网与传统的配电自动化相比存在明显差别，从功能来看它是配电自动化发展的高级阶段，从技术支撑来看它是面向未来配电网发展需求，总体来看智能配电网应具备如下基本功能及特征：

（1）自愈能力。自愈是指智能配电网能够及时检测出已发生或将要发生的故障并进行相应的纠正性操作，使其不影响对用户的正常供电或将其影响降至最小。自愈主要解决供电不间断的问题，是对供电可靠性概念的发展，其内涵要大于供电可靠性。例如目前的供电可靠性管理不计一些持续时间较短的断电，但这些供电短时中断往往会使一些敏感的高科技设备损坏或长时间停运。

（2）具有更高的安全性。智能配电网能够很好地抵御战争攻击、恐怖袭击与自然灾害的破坏，避免出现大面积停电；能够将外部破坏限制在一定范围内，保障重要用户的正常供电。

（3）提供更高的电能质量。智能配电网实时监测并控制电能质量，使电压有效值和波形符合用户的要求，即能够保证用户设备的正常运行又不影响其使用寿命。

（4）支持分布式电源的大量接入。这是智能配电网区别于传统配电自动化的重要特征。在智能配电网里，不再像传统电网那样，被动地硬性限制分布式电源接入点与容量，而是从有利于可再生能源足额上网、节省整体投资出发，积极地接入分布式电源并发挥其作用。通过保护控制的自适应以及系统接口的标准化，支持分布式电源的即插即用。通过分布式电源的优化调度，实现对各种能源的优化利用。

（5）支持与用户互动。与用户互动也是智能配电网区别于传统配电网的重要特征之一。主要体现在两个方面：一是应用智能电表，实行分时电价、动态实时电价，让用户自行选择用电时段，在节省电费的同时，可为降低电网高峰负荷作贡献；二是允许并积极创造条件让拥有分布式电源（包括电动车）的用户在用电高峰时向电网送电。

（6）具有配电网的分析计算。智能配电网全面采集配电网及其设备的实时运行数据以及电能质量扰动、故障停电等数据，通过分析计算形成辅助决策，并以直观有效的图形方式为运行人员提供高级的图形界面，使其能够全面掌握电网及其设备的运行状态，克服目前配电网因不可观造成的反应速度慢、效率低下问题。对电网运行状态进行在线诊断与风险分析，为运行人员进行调度决策提供技术支持。

（7）更高的资产利用率。智能配电网可实时监测电网设备温度、绝缘水平、安全裕度等，在保证安全的前提下增加传输功率，提高系统容量利用率；可通过对潮流分布的优化，减少线损，进一步提高运行效率；可在线监测并诊断设计的运行状态，实施状态检修，以延长设备使用寿命。

（8）配电管理与用电管理的信息化。智能配电网将配电网实时运行与离线管理数据高度融合、深度集成，实现设备管理、检修管理、停电管理以及用电管理的信息化。

8.1.3　配电自动化向智能配电网发展的驱动力

配电自动化的研究和建设与配电网的发展环境和城市电网的地位有着密切的关系。国内外主要是依靠监管法规的推动和市场机制的激励，由于可靠性指标的经济考核、可靠性电价的价格差异，驱动着配电自动化产生投资效益。因此，需要在配电网改造和规划时，对配电自动化进行同步设计和规划，但由于各国资源配置、监管决策取向、电力市场进展，以及用户认知程度不同，配电自动化的切入点、重点和先后顺序必然有所差异。

1. 市场机制的激励

智能配电网的管辖范围包括配电网的一、二次系统，几乎每个环节都具有潜在的、巨大的经济效益和社会效益。智能配电网环境下的需求侧管理将向需求侧竞价发展，单向的供需关系将形成双向的供需互动。实际上，需求侧竞价（Demand Side Bidding，DSB）是需求侧管理的一种实施机制，它使用户通过改变自己的用电方式主动参与市场竞争，获得相应的经济利益，而不像以前那样被动地按所定价格行事。需求侧管理是长期改变负荷特性的行为和机制，大多是政府驱动。而 DSB 是基于市场的短期负荷响应行为和市场机制，主要由市场驱动。

参与需求改变量的竞争，既可以竞价增负荷，也可以竞价减负荷。但为了实现 DSB 产品的规模效应，一般只有兆瓦级以上的大用户或是多个同行企业通过集总代理才直接参与需求竞价，小用户则是通过其供电商作为代理间接参与需求竞争。

DSB 产品的用途，除与发电商之间的双边合同外，还包括各种形式的辅助服务（频率控制、电压控制、备用和黑启动等），参与可中断供电合同或峰谷电价计划，在平衡市场中竞价增减出力以及缓解输配电阻塞等。值得注意的是，需求侧响应的瞬时性明显优于发电机，而其价格却仅为新建峰时发电设施的 1/4 到 1/3。

需求响应辅助服务，效益十分显著。如应对突然的频率下降，除发电机提供功率支持外，需求侧也可响应频率的变化。实践表明需求侧响应的瞬时性，明显优于发电机。如在英国的电力市场，就有多个水泥制造企业通过集总代理与输电系统运行人员签订双边合同，减少最大瞬时负荷达110MW。此外，较高的性价比也是需求响应资源辅助服务取得快速发展的另一个重要原因。

可见，供需互动的需求响应资源，通过双向服务，达到"供需双赢、国家受益"的目的，因而成为推动智能电网研发实施的一个重要因素和追求目标。但供需互动的效益，必须以开放配用分开的零售竞争为前提。否则，供需关口上、下双向通信的智能电表将不能充分发挥其作用。

供需互动支持的需求响应双向服务，潜在效益更大。如美国通过需求响应进行调峰，即可避免47GW的发电，相当于每年减少1.06亿t的二氧化碳排放。同时，用户方面也可减少15%以上的峰荷和10%以上的总需求。

数据显示美国电网的效率每提高5%，相当于减少5300万辆汽车的燃料消耗和碳排放量。在可再生分布式电源方面，以美国加州2020年要求达33%为例，将减少11%的碳排放。插入式电动汽车的发展，除可24h优化发输配电系统的使用外，美国通过替代73%燃油汽车，将减少约24%的碳排放和52%的石油进口。

2. 监管法规的推动

随着智能配电网研究的不断深入，配电自动化作为智能配电网的关键环节得到了各国的广泛重视。国家电网部门持有的发展态度及制定的相关标准、法规对于各地市配电自动化的发展水平具有深远的意义，对整个国家的研究建设方向具有重大的影响。

英国电力公司通过建立完善的奖励与惩罚措施，对供电可靠性进行严格的监管，以提高电网资产利用率，推动配电自动化的发展，支撑智能配电网的建设。

我国配电网作为电力基础设施，其资产占整个电网总资产的40%～50%，甚至更高，但其利用率却很低。现阶段的研究重点在于信息交互总线建设、故障处理应用模块、可靠的配电自动化终端、先进的配电自动化通信网络等。基于我国配电网的特点及拟发展方向，国家电网公司制定了《配电自动化技术导则》，编制了《配电自动化建设与改造标准化设计规定》、《配电自动化主站系统功能规范》、《配电自动化终端功能规范》、《配电自动化验收细则》、《配电自动化系统验收技术规范》等相关规范标准，基于配电自动化试点工程的研究，大力建设、改造现有配电网络，推动各地市配电自动化的发展。

3. 清洁能源的驱动

随着新型分布式电源的逐步接入，配电自动化需要为大型可再生及分布式能源灵活接入和风光储互动提供调度技术支持，保证电网安全稳定运行和可再生能源有效消纳。新型能源的有功和无功出力有其特有的特性，比如风电和太阳能发电就具有随机性和间歇性。配电自动化调度的安全分析和经济运行算法如何引入新能源模型，以及引入后，新能源模型对电网分析计算的影响与新的安全应对策略，是配电自动化系统发展中必须解决的课题，这种挑战可能更早出现在欧洲。

欧洲作为能源消耗世界第二的国家，面临不同程度的能源短缺，并在一定程度上制约了经济的发展。另一方面，在欧洲引起气候变化的CO_2排放，90%来自能源消费。此外，预计到 2030 年，欧盟对能源的依赖程度将从当前的 50% 上升到 70%。因此，欧盟委员会在 2006 年发表的白皮书《可持续、竞争和安全的欧洲能源策略》(《A European Strategy for Sustainable, Competitive and Secure Energy》) 中强调，欧洲已进入了一个新世纪，欧洲能源政策的核心是发展可持续的、具有竞争力和安全供应的能源，并将通过连续一致的政策手段来达到此目的，为了降低化石燃料在能源生产中所占的比例，可再生能源及与之相关的分布式发电技术无疑是最有潜力的选择。

面对全球资源环境问题，分布式能源接入成为智能配电网发展的必然趋势，如何保证高渗透率下电网运行可靠性是配电自动化发展的核心问题，也是各国配电自动化、智能配电网发展的主要原动力。

8.2 从配电自动化到智能配电网的发展历程

欧洲、亚洲与美洲对于配电自动化的认识和需求存在很大的差异，因此各国配电自动化发展存在很大差异。我国的配电自动化发展经历了不同的时期，要求也在不断变化，和国际上的发展一直存在不同程度的差异。在智能电网的研究和建设中，近期对于配电自动化建设的认识上，各国态度基本一致，均高度赞成，对于配电自动化的功能和性能提出了更高的要求，希望以此为基础逐步实现智能配电网。虽然社会的、经济的和市场的需求也会有差异，但发达国家和发展中国家对于当前的配电自动化的建设没有异议。

8.2.1 国外配电自动化的发展历程

国外发达国家的配电自动化系统在智能电网发展之前也经历了不同的过程，经过长期进化，目前都在逐步向智能配电网过渡。

1. 美国配电自动化的发展历程

美国配电自动化的起步是在 20 世纪 70 年代和 80 年代中后期，配电自动化的相关关键技术研究已取得成功，20 世纪 90 年代，美国的配电自动化技术已达相当高的水平，其中代表性的项目为纽约长岛照明公司投运的配电自动化系统，体现了当时这一领域的国际最高水平。1993 年美国纽约长岛照明公司投运的配电自动化系统，建设了包含 850 个终端装置的配电自动化系统，可实现在 43s 内完成故障区间隔离和非故障区间的自动恢复送电。目前以美国电科院 (EPRI) 为代表，提出先进配电自动化技术 (ADA) 的研究和构架，除了完成对配电网的基本控制以外，还具备电压与无功控制、潮流分布分析、停电分析与预警、电力设备动态分析等高级应用功能。

2. 英国配电自动化的发展历程

以伦敦电力公司为例，为了提高供电可靠性，减少故障停电时间，1998 年起建设了中压配电网远程控制系统，2002 年完成一期工程，在配电站安装终端 5300 多套，惠及 180 万用户。在配电自动化覆盖区域中的 210 个中压电网故障中，有 110 个在 3min 内得到了恢复，故障自动恢复率从最初的 25% 上升到 75%，平均达到 50%，每百户的平均停电次数与用户平均停电时间都因此得到了明显的改善。

英国是在世界上最早进行电力市场化改革的国家，国家电力与燃气监管机构对供电可靠性进行严格的监管，制定了完善的奖励与惩罚措施，为了提高用户的满意度和满足监管指标的考核要求，伦敦电力公司建设了配电自动化，在这种考核体制下的投资经济效益模型核算的结果表明配电自动化系统的投资回报时间三年即可。

3. 法国配电自动化的发展历程

法国 1997 年投运的配电 SCADA 系统，对于全网的 2000 个配电开关全部可以远方遥控，通信方式采用电话线通道，X-25 通信标准，变电站供电区域的全部信息通过变电站 RTU 传到调度中心。20kV 馈线发生故障时，在配调中心可以看到故障发生的位置，转移负荷一般 3min 可以完成。现已实现 SCADA 系统、电压控制、故障定位、自动恢复供电、负荷管理、动态计算、表计控制、质量监视等较全面的控制功能。

4. 日本配电自动化的发展历程

日本 20 世纪 70 年代就开始进行高电压大容量的配电方式，以解决大城市配电问题，并研究开发了各种就地控制方式和配电线开关的远方监视装置，开发依靠自动化开关相互配合进行配电网络自动化的方法；20 世纪 80 年代到现在完成了计算机系统与配电设备配合的配电自动化系统，在主要城市的配电网络上投入运行。

到 1986 年，日本 9 个电力公司的 41610 条线路已有 35983 条（约 86.5%）实现了故障后按时限自动顺序送电，其中 2788 条（6.7%）实现了配电线开关（指柱上开关）的远方监控。目前配电自动化覆盖率：九州为 80%，福冈为 100%，北海道为 50%，东京为 68.8%。

日本电力公司配电自动化的覆盖面大，系统软件完全一致性高，维护成本低，配电自动化应用的程度高，供电可靠性世界领先，用户年均平均停电时间只有几分钟，其中配电自动化系统发挥了重要作用。

5. 韩国配电自动化的发展历程

韩国从 1987 年开始配电自动化的研究，到 1993 年确定基本技术方案，1994 年在汉城江东供电局投入试运行，通信用双绞线，涉及 125 个负荷开关。

2003 年后计划在除汉城外的 7 个大城市建立大型配电自动化系统。截至 2003 年，整个韩国各个地区均实现了配电自动化，18000 台分段开关、联络开关和环网柜等设备实现了配电自动化，占全部开关设备的 22.5%。

韩国配电自动化实施的特点是统一组织、统一实施；实施规模大，系统多以根据本国实际情况自主开发为主，简单实用、经济可靠。韩国对于配电自动化系统初期投资比较少，但坚持长期不断的投入，最终实现配电自动化全覆盖。

6. 新加坡配电自动化的发展历程

新加坡在 20 世纪 80 年代中期投运大型配电网 SCADA 系统，在 20 世纪 90 年代加以发展和完善，其规模最初覆盖其 22kV 配电网的 1330 个配电所，目前已将网络管理功能扩展到 6.6kV 配电网，根据新能源电网公司 2005 年统计，共有 3500 座 22kV 变电站、1960 座 6.6kV 配电站安装终端设备，遥信量 210000、遥控量 45000、遥测量 26000。主站年度平均可用率为 98.985%。

新加坡在配电自动化的基础上还将电压控制、停电管理、负荷管理、配电状态检修和状态监测等功能融入到配电自动化系统中，取得了非常好的效果。

7. 各国供电可靠性对比

由此可见，近十多年来，在世界各国特别是欧洲、美国及日本等经济技术比较发达的地区和国家，随着配电自动化技术高速发展，高度信息化设备的广泛应用及普及，社会的现代化正使配电系统不断向高级的智能配电网方向发展。目前，该地区和国家的配电系统可靠性已经达到了相当高的程度。

据统计，1980～1985 年，美国和英国用户年平均故障停电时间仅约为 70min，日本则减少到了约 30min，20 世纪 90 年代法国约为 30min。进入 21 世纪后可靠性指标有了更大幅度的提高，尤其是在配电自动化实施地好的城市电网。

图 8.2 是以我国青岛为比较对象，在配电一次网架和设备水平相当的情况下，在 2009 年没有实现配电自动化时，与国外城市供电可靠性指标对标情况。

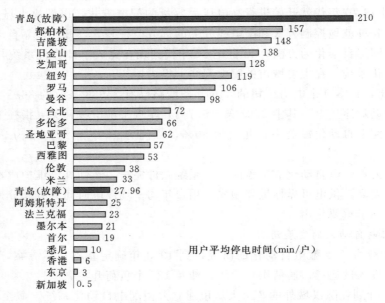

图 8.2　青岛用户平均停电时间与国际水平对比

青岛用户平均停电时间为 210min/户，与国际先进水平（新加坡）相差较大。考虑扣除预安排停电影响，青岛用户故障平均停电时间为 27.96min/户，国际先进水平只有 0.5～3min/户。虽然青岛供电可靠性与国际先进水平间的差距主要在于计划停电影响，需要通过基于信息化配电综合管理才可以减少计划停电时间，但在故障停电时间方面也有很大差距，减少故障停电要依赖于配电自动化，这也充分说明对于建立高可靠性城市配电网，配电自动化是必需的。

8.2.2　国内配电自动化的发展历程

在 20 世纪末到 21 世纪初，我国也曾掀起了一轮配电自动化试点建设的热潮，但是许多早期建设的配电自动化系统没有发挥应有的作用，主要由于存在技术和管理两方面的原因：技术方面的问题包括早期技术不够成熟、通信手段落后和早期配电网架存在的缺陷；管理方面的问题主要包括缺乏指导配电自动化规划、设计、建设、运行和维护的标准和规范，后期运行、维护不够等。

经过近十年的探索与实践，我国配电自动化技术已经日趋成熟，通信技术取得了革命性进展，电力企业已经制订了配电自动化设计、建设、运行和维护等一系列标准和规范。随着 2009 年国家电网公司提出建设智能电网的规划目标，配电自动化系统成为智能电网建设的重要组成部分，又迎来了新的一轮建设高潮。截至 2012 年 3 月，厦门、北京、杭州、银川等 4 个国家电网公司第一批配电自动化试点工程已经通过了实用化验收，南京、成都、宁波、天津等 19 个国家电网公司第二批配电自动化试点工程已经通过了工程验收。随后，配电自动化进入了大规模推广应用时期。

与上一轮配电自动化相比，上述 23 个城市的新一代配电自动化系统无论从可靠性还是先进性上都取得了重大进步。

1. 编制配电自动化系列标准

国家电网公司编制了如下标准：

（1）《配电自动化技术导则》。明确配电自动化建设的技术框架、功能配置以及与相关应用系统信息交互的主要技术原则，确定了配电自动化建设的总体技术路线。

（2）《配电自动化建设与改造标准化设计规定》，明确了结合不同一次网架，充分利用现有应用系统，实施配电自动化建设与改造的指导方案及技术要求，有效指导了试点工程建设工作。

（3）《配电自动化主站系统功能规范》和《配电自动化终端功能规范》。规范了主站系统的基本功能和扩展功能，统一了终端的功能配置和主要性能指标，为做好配电自动化主站、终端设备选型、招标采购等工作提供了技术依据。

（4）《配电自动化验收细则》。确定了验收标准、验收内容和验收程序。

（5）《配电自动化系统验收技术规范》。明确了配电自动化系统工厂验收和现场测试的方法和技术指标，为规范开展试点工程项目验收提供了保证。

2. 建立符合 IEC 61968 标准的信息交互总线与其他信息系统进行统一标准的信息交互

实际应用中，配电自动化系统需要与上一级调度自动化、生产管理系统、电网 GIS 平台、营销管理信息系统、95598 等进行数据交互，在上一轮配电自动化建设中，采用"点对点"的私有协议实现配电自动化系统与其他应用系统的互联，不仅需要维护的接口众多，而且因采用私有协议而不标准、互换性差且扩展困难。

在智能电网建设中，新一代配电自动化系统依据"源端数据唯一、全局信息共享"原则，采用符合 IEC 61968 标准的信息交互总线进行配电自动化系统与上一级调度自动化（EMS）、生产管理系统（PMS）、电网 GIS 平台、营销管理信息系统、95598 等的信息交互，通过基于消息机制的总线方式完成配电自动化系统与其他应用系统之间的信息交换和服务共享，不仅大大减少了接口数量，而且具有标准化、互换性强和便于扩展等优点。

在满足电力二次系统安全防护规定的前提下，信息交互总线具有通过正/反向物理隔离装置穿越生产控制大区和管理信息大区实现信息交互的能力。遵循 IEC 61968 标准，采用面向服务架构（SOA），实现相关模型、图形和数据的发布与订阅。

通过基于 IEC 61968 标准的配电信息交换总线建设，实现了配电主站、EMS（调度自动化系统）、PMS（生产管理系统）、营销管理系统、客户服务客服系统、GIS（地理信息系统）等应用系统的集成，实现了各应用系统间的数据交互与共享，支持了停电管理系统、用户互动、分布式电源接入与控制等互动化应用。

3. 具有完备和实用的故障处理应用模块

故障定位、隔离与健全区域快速恢复供电等配电网故障处理功能是配电自动化系统最主要的功能之一，也是配电自动化系统提高供电可靠性的主要途径。

在智能电网建设中，上一轮配电自动化建设中，各制造企业的配电自动化产品的故障处理功能普遍不够完善。新一代配电自动化系统具有比较完善的故障处理功能，不仅能够实现准确的故障定位和交互式或全自动故障隔离与健全区域快速恢复供电，而且还具有一定的容错性能，具体表现为：

（1）单重、多重故障准确定位，故障隔离和健全区域恢复供电策略自动生成。

（2）对于多供电途径配电网，可以根据负荷分布和电流极限约束优选健全区域恢复供电策略，包括优选健全区域负荷转供路径、健全区域负荷自动分解转供、最小甩负荷供电恢复等。

（3）对于故障信息漏报等非健全故障信息的情形，故障定位具有容错性。

（4）对于开关拒动的情形，故障处理策略能够自适应进行调整。

（5）在生成故障处理策略时，可以将检修、保电、禁止操作等多种因素纳入考虑。

（6）当故障修复后，可自动生成返回正常运行方式的开关操作策略。

通过配电自动化故障处理，有效缩短了故障停电时间，提高了供电可靠性和服务质量。

4. 具有可靠的配电自动化终端

与上一轮配电自动化相比，在智能电网建设中新一代配电自动化终端在户外恶劣条件下工作的可靠性大幅提高，配电自动化系统的终端在线率指标普遍都在95％以上。有些城市还采用超级电容器作为其备用电源的储能元件。

在上一轮配电自动化中，配电自动化终端大都采用蓄电池作为储能部件。从技术上看，蓄电池的寿命不长，对充放电管理的要求较高，工作于恶劣环境条件下时，对其性能和寿命的影响尤其突出。从管理上看，配电自动化终端数量众多且位置分散，更换和维护蓄电池需要花费大量的人力和物力，为了确保可靠工作，一般1～2年就要更换一次蓄电池，运行成本比较高。

实际上对于绝大多数户外智能终端设备，在失去电源时仅需要维持较短的工作时间即可，如对于柱上开关监控终端（FTU）或环网柜监控终端（DTU），只需在失电时上报故障信息和开关状态，并能接受遥控命令将作为故障区域端点的开关分断即可。

超级电容器（Super Capacitor）是近年来发展成熟的一种大容量储能部件，其单体容量可达几百至上千法拉。与蓄电池相比，超级电容器具有功率密度高、充电速度快、使用温度范围广、低温性能优越、可靠性高等优点，因此超级电容器作为配电终端的备用电源储能部件比较合适。

5. 具有先进的配电自动化通信网络

在上一轮配电自动化建设中，通信手段曾是困扰建设者的突出问题之一，因受到通信技术发展水平的限制，大都采用屏蔽双绞线、中压配电线载波、无线扩频、无线数传电台等通信方式，而屏蔽双绞线传输距离短、中压配电线载波传输速率低、无线扩频易受遮挡、无线数传电台当轮询站点多时效率低。随着光纤通信技术的发展，21世纪初曾采用光Modem作为配电自动化通信手段。但上述通信方式基本为点对点或点对多点通信方式，一般只能采用串行通信口并由配电子站集结后与配电自动化主站交互，通信可靠性和效率都不够高。

近年来，随着EPON、工业以太网、GPRS、WiMax、电缆屏蔽层载波等通信技术的飞速发展和成熟，在智能电网建设中，它们成为了配电自动化系统的主要通信方式。以光纤为传输媒介的EPON和工业以太网技术，不仅支持网络通信协议，而且具有完备的自愈性能，可以确保高效可靠的数据通信；WiMax和电缆屏蔽层载波技术适合于实现光纤不便于敷设的部分（如直埋电缆等）的数据通信；GPRS特别适合实现距离较远且分散的两遥终端（如故障指示器等）的数据通信。

EPON、工业以太网、GPRS、WiMax、电缆屏蔽层载波等通信技术的广泛采用，解决了上一轮配电自动化中面临的通信难题，显著提高了配电自动化系统的性能和可靠性，极大地促进了配电自动化系统的实用化水平提升。

8.2.3　智能配电网技术的发展对配电管理水平的提升

智能配电网的最终目标是技术上支撑更先进的管理，提升管理水平和实现精益化管理。反之，由于管理上的生产关系变化，与国际同行业管理标准对比，社会对于供电可靠性的要求不断提高，要求电力企业采用更高的技术体系满足管理需求。智能配电网就是在这种环境下提出的。因此，生产管理对智能配电网提出管理应用功能要求是十分实际的需求，同样也是考验配电管理系统的系统架构是否满足标准和开放要求，只有系统架构先进，具有一定的前瞻性，才可以满足生产方式变化的要求和智能电网发展方向。

1. 智能化的配电生产抢修指挥系统

智能化的配电生产抢修指挥系统是支撑生产管理的重要工具，通过各项管理措施的功能模块，详见图8.3，实现配电网的生产全过程管理，以配电网生产环节资产全寿命周期管理为主线，以持续提升供电可靠性和优质服务水平为目标，全面提高配电网综合管理水平。

（1）配电生产抢修指挥系统的建立是以配电自动化为基础，基于标准的信息交换总线为纽带，充分利用配电生产需要的相关设备信息、电网模型和空间信息，实现风险超前防范，推进配电网运维管理、检修抢修和技术改造标准化管理，全面提高配电网运维、检修和技术改造工作质量。

（2）配电生产抢修指挥系统的信息集成是保证本功能规范实现的关键环节，必须利用配电自动化系统中已经建立的信息交互总线，从上、下游已经建立的应用系统中获取相关的应用服务，达到信息共享的目标。

（3）按照统一信息标准，各个应用系统之间的信息集成和业务应用必须依据"源端唯一、全局共享"原则进行。通过信息交互实现配电生产抢修指挥系统与相关应用系统之间的资源共享和功能整合。

（4）配电生产抢修指挥系统需要信息交互的相关系统包括配电自动化系统、调度自动

图 8.3　配电生产抢修指挥系统功能构架

化、生产管理、地理信息、营销管理、客户服务、用电信息采集等系统。

2. 配电的正常生产管理

配电生产抢修指挥系统实现的功能技术上支持日常运行的精细化管理包括：

（1）可靠性在线分析和统计。在停电计划编制、停电计划审批、停电计划执行等环节，应用可靠性分析功能辅助进行供电可靠率的预控和全过程管理。根据 PMS 计划的停电区域、用户和时间，预估当日、下一日、下一周计划停电影响的时户数指标。实时统计当日的停电时户数，累计到本月、本年已经消耗的停电时户数指标，并和下达的指标数进行对比，从而有效控制可靠率指标。

（2）停电在线计划辅助分析。根据需要停电的范围、线路运行方式、开关设备的自动化类型等，辅助生成停电隔离和转供电方案，供停电计划编制使用。在审批停电计划时，对检修计划中的重复停电范围进行查找，提示重复停电的计划项目，合并同时停电工作的计划项目。

（3）停电管理的风险管控。对计划停电信息，分析风险并进行相应的控制，计划停电的预分析服务，从电网、设备、人员、环境、客户等方面分析并评估停电计划的合理性。停电计划的风险管控，对停电计划进行风险分析，审查相关的风险控制措施是否到位，提供的应急处置措施是否得当，恢复供电时恢复步骤是否可行，有无风险。

（4）故障停电管理的风险管控。对故障情况下的风险进行分析和管控，故障分析在

GIS图上进行故障区间的可视化展现，确定受影响的停电范围。故障信息告知客户服务，将故障抢修进度信息通知客户服务，使客服人员可以及时地将故障信息反馈给客户。事故处理过程记录，记录事故处理过程，包括倒负荷、恢复送电、抢修车使用、电源车使用等。

（5）配电网在线风险管控与预警。对配电网的安全风险水平进行在线评估，得出配电网的风险水平、薄弱节点以及危险隐患，达到对配电网安全性指标的在线评价，并结合设备的健康状态和电网拓扑结构对系统运行状态给出在线的风险预警，为电网运行人员提供有效的决策依据，有效帮助供电企业提高供电安全可靠性水平，最大限度地避免和降低大面积停电造成的损失。

（6）重要客户管理。重要客户电源追溯，提供重要客户的供电电源信息，电源包括给客户供电的从变电站到线路到开关的完整信息。供电路径可以在图形上定位展示。通过可视化途径分析展示客户的电源风险信息如下：

1）停电信息查询统计：通过时间、线路名称、客户名称查询停电信息，可查询历史记录和未来计划停电信息。根据停电影响户数及停电时间，可及时、准确地统计停电时户数。

2）实时风险分析：在实时状态下，快速确定电网运行方式变化对客户的影响范围及程度，为实时分析客户供电可靠性变化、制订紧急预案、事故后的主动服务提供技术支持。

3）客户信息可视化：在接线图上显示重要客户的实时信息，在客户供电路径上显示开关变位、设备负荷等实时信息，并进行综合分析给出风险提示。

（7）配网设备状态检修。配网设备状态评估功能结合截取的配电自动化系统运行断面和PMS等系统中相关设备的定值、运行情况、缺陷等资料综合评价设备运行状态。设备量测信息查询统计，查询统计配电设备的历史量测信息；设备运行信息查询统计，查询设备的台账、缺陷、检修试验记录等生产运行信息；设备状态评估，根据设备量测信息和运行信息，评定设备状态。

（8）在线设备缺陷监控和预警。综合监视电网运行状态，分析发现风险并提供预警功能。设备运行风险监控预警，监视线路、开关等电网设备的负载率指标，接近或超过该指标（重载或过载）时系统给出相应的风险预警信息；设备缺陷监控和预警，对设备的危急、严重缺陷进行及时的监控和预警；配电网方式优化辅助分析，结合配电网现状的网架、现状路径以及负荷情况，对配电网供电的合理性、经济性进行分析，找出存在的风险并提出合理的优化方案。

3. 配电故障时的快速处理

配电网发生故障时快速处理包括：

（1）配电自动化已经覆盖区的故障快速隔离与供电恢复。配电自动化已经覆盖区对于故障处理充分应用馈线自动化功能，利用全自动方式或半自动方式的馈线自动化，即配电主站通过快速收集区域内配电终端的信息，判断配电网运行状态，集中进行故障识别、定位，自动完成故障隔离和非故障区域恢复供电或通过遥控或人工完成故障隔离和非故障区域恢复供电。配电事故发生时，配电自动化启动馈线自动化功能，在故障隔离区段内所造成的停电，需要将故障信息快速自动告知受影响的用户。

（2）配电自动化未覆盖区的停电分析。利用收到客户服务系统接警信息后，自动把报修电话与线路区段及供电用户联系起来，根据拓扑连接和逻辑推理以及 EMS 和配电自动化实时采集的设备数据、客服报修电话等信息，综合判断、定位故障，给出可能的故障区域和停电原因。

（3）在线停电用户分析。根据实时网络状态，分析停电影响范围，结合营销管理信息系统中配变采集信息以及用户信息给出停电影响用户列表、停电原因、损失负荷等信息。将停电用户信息提供给客户服务系统进行查询和发布。

（4）停电用户在线统计。根据实时状态，动态统计当前 10kV 和 0.4kV 的停电影响用户数目和损失负荷，以及一、二级用户的停电数目。

（5）在线运行方式校核。根据全网拓扑、开关状态和故障设备，分析和识别可能出现的单电源、单变压器、单母线等高风险运行方式。分析和识别可能影响一、二级用户供电可靠性的运行方式。分析和识别危及保供电方案的运行方式。

（6）在线极端气候影响预警。根据来自气象部门预报的最高和最低气温，通过温度—负荷曲线模型，进行电网负荷预测，分析可能存在电网和设备过载的风险。根据雷电、暴雨、降雪、高温、低温等天气预报信息和气象影响模型，分析可能存在电网和设备的风险。

（7）停电状态分析。对停电信息进行汇总、分析，综合展现生产动态信息，电网运行方式监控，在电网 GIS 平台中展示设备的运行状态，可以对设备进行电源追溯和供电范围分析；对当日电网、设备、作业、客户状态等信息汇总、统计、可视化展示，根据停电计划的停电时间、停电范围、作业地点等信息，在 GIS 图上定位停电计划。根据停电设备进行电网分析，在 GIS 图形中高亮显示停电区段和受停电影响的客户，最后以列表的形式对停电客户进行汇总和统计。

（8）停电动态管理。在 GIS 图上实现停电报修电话自动定位功能，结合故障停电和计划停电影响范围的可视化展现，完成对配电网供电情况的动态掌控。系统具备辅助停电范围判定功能，收到客户服务系统报修信息后，系统应具备把报修电话按馈线分组的功能，并根据线路连通关系和逻辑推理，自动把报修电话与线路区段及供电用户联系起来；判断故障区域，并进行风险分析，将结果反馈给客户服务系统。

（9）停电通知。对停电事项，及时进行故障停电信息发布。在停电信息确认后，系统提前向客户服务系统提交停电信息，包括用户号、停电原因、计划停电时间、计划送电时间等。

4. 配电故障的快速抢修

配电网发生故障后，结合故障信息和资源信息，快速调度资源指挥抢修包括：

（1）故障位置定位。配电自动化已经覆盖区对于故障位置有区间定位；没有覆盖的区域，利用故障处理辅助决策，通过客户服务客服系统的停电反馈统计结果，结合配电网的拓扑分析给出可能的事故点。

（2）指挥调度。人员和车辆调度辅助决策，通过对停电抢修车辆和作业人员的 GPS 定位，掌控抢修车辆及作业人员的当前位置，对资源调配方案进行辅助决策。

（3）远程指挥。移动终端互动，通过移动终端与指挥平台无线收发电子化工作票、标准作业卡，现场打印作业卡、工作票。现场使用移动终端逐项执行标准作业卡并确认，无线实时回传指挥平台，掌握现场抢修进度。

（4）抢修资源调度。抢修物资仓储信息联动，平台与物资储备信息管理系统建立接口，在抢修指挥时利用平台查看物流库和二级库，进行抢修资源的调配。

（5）停电统计分析。提供查询统计工具，多维度展现各类数据指标和查询统计，包括停电影响用户、停电恢复时间、指定时间段内停电信息、指定时间段内停电用户等查询统计服务。对计划停电、故障停电相关历史记录进行分析，对某一时段、频发事故、某种隐患、风险预防效果等进行深度挖掘和分析。

8.3　智能配电网发展中的关键技术

在智能电网的背景下，智能配电网的内涵和外延都表明了其承担着更重要的角色。智能配电网不仅仅对配电自动化技术提出新的要求，而且还要考虑分布式电源及储能系统引入后出现的新问题，同时要考虑与智能用电系统实时、快速的互动等。配电自动化系统中馈线自动化的故障诊断、定位、隔离以及恢复供电策略，在智能配电网的前提下需要进一步升级为适应分布式发电的双向能量流下的馈线自动化保护和协调调度策略。此外，微电网和大规模储能等问题，都是智能配电网在发展中会遇到的关键性技术问题。

我国的配电自动化正处在高速建设之中，其中配电自动化的技术导则和技术标准具有支持智能配电网的技术基础内容，但由于现在的技术设备水平和环境尚不支持提出智能配电网的标准，产品的成熟度也尚不足以支持智能配电关键技术的应用。在本节列出智能配电网关键技术，希望可以对未来技术的发展和研究提供借鉴。

智能配电网的主要目标是实现对配电网运行状态、资产设备状态和供电可靠状况的实时、全面的监视，提高电网的可观测性。需要研究智能配电网控制理论和方法，基于配电自动化的配电网快速仿真（D-FSM）和可信决策支持，实现配电网自愈控制技术。研究分布式电源并入配电网运行控制与保护技术，优化发输配用各环节的协调调度。利用电力电子技术，实现电能质量的控制和电能的灵活分配，降低损耗，提高供电可靠性和电能质量。

在数据交互方面，开发智能电网的发输配电统一模型和信息交换接口模型，通过智能配电网标准模型及交换服务，满足面向服务的多层次企业信息集成和配电网运行智能控制要求。

在经济性方面，为满足现代社会对供电可靠性和电能质量的要求，实现发输配用各环节协调调度的优化，实现运行方式自适应管理，实现配电系统节能降耗以及绩效指标的优化，实现分布式能源的即插即用，实现新型储能装置与配电网的智能协同运行，以及实现配电电力市场等提供技术支撑，提升管理和决策水平。

8.3.1　智能配电网体系架构

智能配电网的体系架构是智能配电网的建筑框架，它决定了智能配电网建成以后的基础、高度、容积和承载。区别于传统电网的变革设计，研究建立智能配电网的体系结构。

智能配电网要解决电网的物理模型描述，将其转化为信息模型，用以支持计算机对电网分析、控制和决策。研究满足新型智能电网物理模型相应的智能电网发输配电统一融合的标准全信息模型；提出智能电网的发输配电统一模型和信息交换接口模型，形成公共服务和通用接口模型；建立适合智能配电网电源、电网、用户三方统一融合的分析基础数据环境，制定统一信息编码标准和统一信息模型交换标准。构建智能电网标准智能支持体系，支持对未来技术发展的要求；建设智能化的配电网企业服务总线，为智能配电网决策提供信息与服务的基础。

8.3.2 智能配电网中关键技术

1. 智能配电网自愈技术

智能配电自愈技术是智能电网的特征，是智能配电网的高级阶段，它不同于保护控制面向点的故障切除控制模式，而是面向电网的面控制，具有快速分析、可信决策、自动控制的特点，需要在配电网快速仿真及建模（D-FSM）的基础上，采用智能网络代理和信息集成技术超量节点快速状态估计与潮流算法，研究分布式自律快速计算算法和快速仿真支持技术；根据配电网结构和运行特点，探索配电网在正常、脆弱、故障、恢复、优化等状态下的相关理论与应对手段；以预防控制为重点，以连续在线评估优化为手段，分别从控制逻辑、控制结构和控制环节等方面入手，实现智能配电网自愈的方法和关键技术。

2. 智能配电网安全预警技术

智能配电网相对于大型互联电网而言，电压等级较低、动态元件较少，一般具有闭环设计、开环运行的特点，因此，智能配电网的安全分析主要是指静态安全分析，智能配电网的在线风险评估也主要是针对智能配电网静态安全性的风险评估。需要研究建立智能配电网风险评估和供电安全预警模型，以及在线风险评估和预警模型的指标体系；研究基于智能配电网在线风险评估及供电安全预警模型的城市电网在线风险水平及预警等级评估的算法；研究基于在线风险评估指标的智能配电网供电薄弱环节自动识别的方法；研究智能配电网降低风险策略的自动配置与计算的方法。

3. 智能配电终端相关技术

智能配电终端是智能配电网的测控基础元件，通过智能设备和配电自动化装置协调配合，可以准确、快速、灵敏、可靠地快速处理配电网的故障和控制，在智能配电网中不但数量巨大且对设备运行环境要求很高。目前，电子设备的工作寿命低于电器寿命，这就需要研究智能控制终端的自适应、自组织、自管理体系，包括智能控制终端数据传输机制研究，基于IP的智能终端控制系统，智能控制终端的自动网络接入等；研究智能配电终端集成技术，保护、测量、控制、计量、通信一体化解决方案，包括交互式智能电能表、通信网络及智能化电气接口的研究，支持双向通信、智能读表、用户能源管理、家庭自动化的研究；研究先进的传感测量技术，如光学或电子互感器的应用、架空线路与电缆的温度测量、电力设备状态的在线监测、电能质量测量等技术。

4. 配电网设备管理技术

配电网由线路、变压器、开关等设备组成，如何提高设备运行管理水平是日常工作的重要任务，需要研究监测设备健康或缺陷状态的传感技术和状态分析技术；研究配电网状态监测系统和设备状态检修技术，以资产全寿命周期管理为目标，进一步优化设备检修模式，提出优化检修和更换设备的各类策略，延长配电设备运行寿命，提高设备运行可靠性。

5. 电能质量监测技术

开展电能质量监测系统中的通信技术、数据管理和挖掘技术研究和监测系统开发；研究负荷电能质量模型提取技术；开发电能质量监测控制系统。支持电能质量协调机制，建立协约方协调运作的电能质量配额交易系统平台，在平台上开展电能质量配额分配机制、交易原则、定价机制、仲裁机制、电能质量计量体系研究，开展基于电能质量协调机制和用户定制需求的电网和用户、用户与用户间协调互动的电能质量治理装置实时、协调控制技术研究和应用。

6. 智能配电网能量管理技术

为了满足智能配电网运行的新型业务需求，适应智能配电网接入分布式电源的调度需求，满足储能装置的调峰需求，通过配网无功补偿和无功电流的检测算法，研究瞬时功率、谐波检测技术。基于电网技术经济分析理论，研究多电源配电系统中不同种类电源和负荷的电气物理模型和电价响应模型。

智能配电网管理技术从全局角度出发，研究发输配用各环节的协调优化调度策略；以实现全环节协调优化调度，向下协调高级配电运行管理和用户高级计量体系等智能系统，向上以支撑分布式电源和储能元件、系统调度、自动削峰填谷、能量管理为目标，研究智能配电网调度的定位和策略；研究运行方式的自适应管理；研究配电系统节能降耗的智能方法；研究配电电力市场对配电网的影响。

7. 智能配电网可视化运行技术

掌握智能配电网的运行状态是调度和运维的基础，可通过可视化技术实现对智能配电网监视与优化运行的研究，提高配电网智能、安全、可靠运行能力。应用于电网中的可视化技术包括智能配电网的虚拟现实，实现真实配电网的运行状态在数字地球上展示。利用面向智能电网的虚拟地球技术，实现气象、灾害等影响电网运行的相关行业地理信息的集成；研究地理拓扑与电气拓扑的自动转换；面向智能电网的地理信息集成、分析、可视化和人机交互等。

通过可视化技术综合展示采集到的实时、准实时数据源，进行综合数据分析技术，主动分析配电网的运行状态、快速发现配电网运行的薄弱环节，准确捕捉监控要点。实现配电网监视与优化运行的智能、集成、高效、直观，以及城市配电网的精细化管理需求。

8. 综合利用智能配电网的储能技术

电动汽车和分布式电源都有储能装置，大量储能装置的充电必定对智能配电网产生重大的影响。通过控制电动汽车充电站在不同时段为电动汽车充电或向智能配电网反向供电；研究用于峰值负荷转移的储能装置的运行调控方法，用于削峰填谷、应急电源及电能质量控制的多模式储能系统；掌握电动汽车充电站网络削峰填谷运行对智能配电网规划、调度运行的影响，研究电动汽车充电站削峰填谷能力估算方法和运行调度策略等实现综合利用智能配电网的储能。

9. 智能用能技术

智能用能技术是基于双向互动的双赢增值服务业务策略、智能用电体系架构及标准规范，利用电力用户信息采集系统、高级量测系统，进行能效评审及提升用能优化调度决策的一项技术，可为用户提供节能建议。

主要研究内容包括：供求信息双向互动的用户需求分析及智能响应技术；用户主动性和激励性环保节能互动策略、机制和支撑技术；智能双向电表及智能用户交互终端的功能和实现技术；智能用电信息采集与交互系统的功能和实现技术。

10. 双向互动支撑技术

双向互动支撑技术应用将满足电力市场化运行及双向用能增值服务的需要，实现供电侧和电力需求侧（用户）间相关信息的充分共享和实时传输交换，综合利用各种信息发展集成应用，实现对扩大电力市场、提高电力需求侧响应和电网资产利用系数的支撑。

主要研究内容包括：双向互动营销运行机制、双向互动营销相关技术系统，双向互动营销业务流程与运作模式，双向供电技术、用电电能质量优化、需求侧智能响应技术、需求侧智能控制技术，用能系统远程能耗监测和能效诊断技术，供求信息双向互动的用户需求分析和预测技术，资源优化的信息发布机制及技术、双向营销增值服务、智能需求侧响应资源价值评价和分析技术等。

11. 分布式电源监控技术

分布式电源具有容量小、间歇性发电、分布广、不易管理的特点，同时分布式电源基本是绿色可再生能源，是配电网必须面对的电源，所以分布式电源接入控制技术服务于资源优化配置与节能减排，它为绿色清洁能源的接入提供支撑，体现了智能电网的经济性与灵活性。分布式电源监控技术主要包括：工业余热、余压副产煤气发电接网监控技术及装置研究；燃气、热、电、冷三联供接入电网监控技术及装置研究；太阳能、风能等可再生分布式能源接入电网监控技术及装置研究；客户分布式能源入网监控系统研发；分布式能源入网监控系统评价体系建设；混合动力汽车用电技术研究；小型储能元件技术研究。

12. 微电网并网运行监控技术

微电网虽然自成体系，由用户来控制，但当微电网接入或退出配电网时，微电网将根据自身需要启动和停运其分布式电源。微电网的运行情况直接影响到与之相关联的配电网的运行，因此，需要研究如何将微电网运行相关的数据采集到智能配电自动化系统中，从而实现对微电网的监视，并利用微电网的运行数据，对智能配电网进行相应的调整和控制。

主要研究微电网和智能配电网之间交换的功率发生变化时，如何分别对微电网和智能配电网的有功和无功进行调节，实现有功和无功功率的匹配以优化能源的利用；研究对智能配电网和网内的微电网的功率协调策略，实现对智能配电网的功率优化和微电网功率协调。

13. 高级量测体系技术

研究高级量测体系（Advanced Metering Infrastructure，AMI）是智能电网提出的热点问题，国外通过高级量测体系设计方案，实现用户双向交互、智能计量、监测与控制、双向网关、电能质量监测等目的。

主要工作是需要利用现有技术集成应用，高级测量体系基本包括：应用嵌入式安全操作系统、不依赖操作系统的智能服务支撑软件技术；嵌入式智能网关技术；远程编程及诊断技术；支撑双向互动嵌入式交互技术；电能质量监测技术；通信网络接口技术；支持智能家电、智能建筑远程数据采集、监控技术等，最终形成配用电网和用户的双向互动合作共赢的关系。

14. 配电信息安全技术

智能电网高度融合信息技术，因而供电安全性不仅仅与电网供电设备相关，与应用运行环境也有着密切的联系。配电信息安全技术通过研究各类信息安全风险如何获得以及有效识别、控制和规避，以保证智能配电网在可信赖、障碍最小化的环境中安全运行。配电信息安全技术研究主要包括智能电网环境下的网络化安全监测与智能化主动式防御体系、集成化和自动化的风险评估与安全加固技术、交互式身份认证管理技术、信息安全基线检查技术以及下一代网络和无线局域网安全机制、智能电网专用信息安全隔离器、高性能加密认证网关、智能电网采集终端安全防护装置、无线网络安全防护装置、安全远程接入装置以及配套的安全操作系统等。

参 考 文 献

[1] 刘健，倪建立，邓永辉. 配电自动化系统 [M]. 2版. 北京：中国水利水电出版社，2002.

[2] 陈堂，赵祖康，陈星莺，等. 配电系统及其自动化技术 [M]. 北京：中国电力出版社，2002.

[3] 周鹤良. 电气工程师手册 [M]. 北京：中国电力出版社，2008.

[4] 陈勇，海涛. 电压型馈线自动化系统 [J]. 电网技术，1999，23（7）：31-33.

[5] 刘健，张伟，程红丽. 重合器与电压—时间型分段器配合的馈线自动化系统的参数整定 [J]. 电网技术，2006，30（16）：45-49.

[6] 王章启，顾霓鸿. 配电自动化开关设备 [M]. 北京：水利电力出版社，1995.

[7] 刘健，崔建中，顾海勇. 一组适合于农网的新颖馈线自动化方案 [J]. 电力系统自动化，2005，29（11）：82-86.

[8] 程红丽，张伟，刘健. 合闸速断模式馈线自动化的改进与整定 [J]. 电力系统自动化，2006，30（15）：35-39.

[9] 刘健，倪建立. 配电网自动化新技术 [M]. 北京：中国水利水电出版社，2003.

[10] 刘健，等. 城乡电网建设实用指南 [M]. 北京：中国水利水电出版社，2001.

[11] 刘健，负保记，崔琪，等. 一种快速自愈的分布智能馈线自动化系统 [J]. 电力系统自动化，2010，34（10）：82-86.

[12] 王英英，罗毅，涂光瑜. 基于贝叶斯公式的似然比形式的配电网故障定位方法 [J]. 电力系统自动化，2005，29（19）：54-57.

[13] 刘健，赵倩，程红丽，等. 配电网非健全信息故障诊断及故障处理 [J]. 电力系统自动化，2010，34（7）：50-56.

[14] 刘健，董新洲，陈星莺，等. 配电网容错故障处理关键技术研究 [J]. 电网技术，2012，36（1）：253-257.

[15] 刘健，张志华，张小庆，等. 继电保护与配电自动化配合的配电网故障处理 [J]. 电力系统保护与控制，2011，39（16）：53-57.

[16] 刘健，赵树仁，张小庆，等. 配电网故障处理关键技术 [J]. 电力系统自动化，2011，35（24）：74-79.

[17] 刘健，张志华，张小庆，等. 配电网模式化故障处理方法研究 [J]. 电网技术，2011，35（11）：97-102.

[18] 胡毅，陈轩恕，杜砚. 超级电容器的应用与发展 [J]. 电力设备，2008，9（1）：19-22.

[19] 陈英放，李媛媛，邓梅根. 超级电容器的原理与应用 [J]. 电子元件与材料，2008，27（1）：6-9.

[20] Zubieta L, Bonert R. Characterization of double-layer capacitors for power electronics applications [J]. IEEE Transactions on Industry Applications，2000，36：199-205.

[21] 程红丽，王立，刘健，等. 电容储能的自动化终端备用开关电源设计 [J]. 电力系统保护与控制，2009，37（22）：116-120.

[22] Tsai-Hsiang Chen, Mo-Shing Chen, Kab-Ju Hwang, Paul Kotas, Elie A. Chebli. Distribution system power flow analysis-a rigid approach [J]. IEEE Trans actions On Power Delivery，1991，6（3）：1146-1152.

[23] 刘健，毕鹏翔，董海鹏. 复杂配电网简化分析与优化 [M]. 北京：中国电力出版社，2002.

[24] 刘健，毕鹏翔，杨文宇，等. 配电网理论及应用 [M]. 北京：中国水利水电出版社，2007.

[25] 刘健，马莉，韦力，等．复杂配电网潮流的降规模计算 [J]．电网技术，2004，28（8）：60 - 63．

[26] 刘健．变结构耗散网络 [M]．北京：中国水利水电出版社，2000．

[27] 刘健，程红丽，毕鹏翔．配电网的简化模型 [J]．中国电机工程学报，2001，21（12）：77 - 82．

[28] 刘健，程红丽，毕鹏翔，等．配电网的模型化方法 [J]．西安交通大学学报，2000，34（10）：10 - 14．

[29] Pandit S. M，Wu S M. Time series and system analysis with applications [M]． New York：John Wley & Sons Inc. ，1983．

[30] A. S. Debs. Modern Power System Control and Operation [M]．Boston：，Kluwer Academic，1988．

[31] Y. Dai, J. D. McCalley, V. Vittal. Stochastic Load Model Identification and Its Possible Applications [C] // North America Power System Symposium. Laramie：University of Wyoming，1997：505 - 512．

[32] Dongxiao Niu, Wenwen Zhang, et al. Adjustment Grey Model for Load Forecasting of Power Systems [J]．The Journal of Grey System，1994（6）：127 - 134．

[33] D. C. Park, M. A. El-Sharkawi, R. J. Marks Ⅱ. Electric Load Forecasting Using an Artificial Neural Network [J]．IEEE Trans action on Power Systems，1991，6（2）：442 - 449．

[34] 张昊，吴捷．一种简单易行的短期负荷预测系统 [J]．电网技术，1998，22（7）：14 - 17．

[35] 严华，吴捷，马志强，等．模糊集理论在电力系统短期负荷预测中的应用 [J]．电力系统自动化，2000，24（11）：67 - 71．

[36] Hiroyuki Mori, Hidenori Kobayashi. Optimal Fuzzy Inference for Short-Term Load Forecasting [J]．IEEE Trans action on Power Systems，1996，11（1）：390 - 396．

[37] 甘文泉，王朝晖，胡保生．结合神经元网络和模糊专家系统进行电力短期负荷预测 [J]．西安交通大学学报，1998，32（3）：31 - 34．

[38] 辛开远，曹树华，杨国旺，等．电力系统短期负荷预报的几种方法 [J]．电力情报，1993（3）：8 - 14．

[39] 谢开贵，李春燕，周家启．基于神经网络的负荷组合预测模型研究 [J]．中国电机工程学报，2002，22（7）：85 - 89．

[40] 谢开贵，李春燕，俞集辉．基于遗传算法的短期负荷组合预测模型 [J]．电网技术，2001，25（8）：20 - 23．

[41] 赵登福，王蒙．基于支撑向量机的短期负荷预测 [J]．中国电机工程学报，2002，22（4）：52 - 55．

[42] 潘峰，程浩忠，杨镜非，等．基于支撑向量机的电力系统短期负荷预测 [J]．电网技术，2004，28（21）：41 - 44．

[43] 尤勇，盛万兴．基于人工免疫网络的短期负荷组合预测 [J]．中国电机工程学报，2003，23（3）：47 - 50．

[44] 程其云，孙才新．粗糙集信息熵与自适应神经网络模糊系统相结合的电力短期负荷预测模型及方法 [J]．电网技术，2004，28（17）：45 - 49．

[45] 刘健，朱继平，程红丽．相关因素不确定性对负荷预测结果的影响 [J]．中国电力，2005，38（10）：20 - 24．

[46] 刘健，勾新鹏，徐精求，等．基于区域负荷的配电网超短期负荷预测 [J]．电力系统自动化，2003，27（19）：34 - 37．

[47] 任震，石志强，何建军．小波分析及其在电力系统中的应用 [C] //全国高校电力系统及其自动化专业第十二届学术年会论文集．西安：西安交通大学．

[48] 顾洁．应用小波分析进行短期负荷预测 [J]．电力系统及其自动化学报，2003，15（2）：37 - 41．

[49] 邰能灵，侯志俭，李涛，蒋传文，宋炯．基于小波分析的电力系统短期负荷预测方法 [J]．中国电机工程学报，2003，23（1）：45 - 50．

[50] 冉启文，单永正，王骐，王建赜．电力系统短期负荷预报的小波—神经网络—PARIMA 方法 [J]．

中国电机工程学报，2003，23（3）：38－41.

[51] Bailing Zhang，Zhaoyang Dong. An adaptive neural-wavelet model for short term load forecasting [J]. Electric Power Systems Research 59，2001：121－129.

[52] Chang-il Kim，In-keun Yu，Y. H. Song. Kohonen neural network and wavelet transform based approach to short-term load forecasting [J]. Electric Power Systems Research 63，2002：169－176.

[53] Tongxin Zheng，Adly A. Girgis，Elham B. Makram. A hybrid wavelet-Kalman filter method for load forecasting [J]. Electric Power Systems Research 54，2000：11－17.

[54] 谢宏，陈志业，牛东晓，等. 基于小波分解与气象因素影响的电力系统日负荷预测模型研究 [J]. 中国电机工程学报，2001，21（5）：5－10.

[55] Charytoniuk V，Chen M S，Kotas P，et al. Demand forecasting in power distribution system using nonparametric probability density estimation [J]. IEEE Trans action on Power Systems，1999，14（4）：1200－1206.

[56] I. Roytelman，S. M. Shahidehpour. State estimation for electric power distribution systems in quasi real-time condition [J]. IEEE Trans action on Power Delivery，1993，8（4）：2009－2015.

[57] Hagan M T，et al. The time approach to shot-term load forecasting [J]. IEEE Trans on Power Systems，1987，2（2）：785－791.

[58] 陈正洪，洪斌. 华中电网四省日用电量与气温关系的评估 [J]. 地理学报，2000，55（2000）：34－38.

[59] 蔡新玲，贺皓，李建科，等. 陕西省日用电量、最大负荷的气象预报模型 [J]. 陕西气象，2004（3）：40－42.

[60] 胡江林. 华中电网日负荷与气象因子的关系 [J]. 气象，2002，28（3）：14－18.

[61] 肖国泉，王春，张福伟. 电力负荷预测 [M]. 北京：中国电力出版社，2000.

[62] 刘健，徐精求，董海鹏. 考虑负荷变化的配电网动态优化 [J]. 继电器，2004，32（13）：15－19.

[63] 刘健，卢建军，蔺丽华. 配电自动化不良数据辩识和配电网结线分析 [J]. 电力系统自动化，2000，24（22）：35－38.

[64] 叶东印，贺要锋，库永恒. 110kV某变电站1#主变保护误动分析及改造方案的研究 [J]. 电力系统保护与控制，2009，37（3）：83－85.

[65] 陈清鹤，刘东，李荔芳. 基于CIM建模的配电网三相潮流计算 [J]. 电力系统自动化，2005，29（23）：49－54.

[66] M S Srimvas. Distribution load flows：A brief review [C] // Proceeding of Power Engineering Society Winter Meeting，2000，Vol2：942－945.

[67] Tsai-Hsiang Chen，Mo-Shing Chen，Toshio Inoue，Paul Kotas，Elie A. Chebli. Three-phase Cogenerator And Transformer Models For Distribution System Analysis [J]. IEEE Transaction On Power Delivery，1991，6（4）：1671－1681.

[68] KERSTING W H. Distribution System Modeling and Analysis [M]. Florida：CRC Press，2002.

[69] 崔占飞，刘东，鲁跃峰，等. 分布式电源信息的IEC 61968消息处理与应用 [J]. 华东电力，2012（05）：817－821.

[70] El-Sharkh M Y，Rahman A，Alam M S，et al. Analysis of active and reactive power control of a stand alone PEM fuel cell power plant [J]. IEEE Transactions On Power Systems，2004，19（4）：2022－2028.

[71] 黄玉辉，刘东，廖怀庆，等. 考虑电网特性的网络重构算法解空间优化 [J]. 电力系统自动化，2012（10）：51－55.

[72] 徐玮鞞，刘东，柳劲松，等. 考虑质量标签的多数据源配电网状态估计算法 [J]. 电力自动化设备，2011，31（04）：78－81.